特色作物高质量生产技术丛书

设施草莓、西瓜、甜瓜水肥管理实用新技术

李 婷 岳焕芳 孟范玉 曲明山 主编

中国农业出版社
北 京

前言
PREFACE

在农业现代化进程中，精准、高效的种植技术成为提升农产品产量和品质的关键。草莓口感香甜，营养丰富，有"水果皇后"的美称；西瓜、甜瓜富含维生素等营养物质，消暑解渴，深受大众喜爱。此外，草莓采收周期长，实现元旦至五一持续采摘，经济价值高；西瓜、甜瓜作为夏季主要的时令水果，都是北京市具有代表性的特色作物。因此，其种植管理技术的优化对于满足市场需求、提高种植效益具有重要意义。

草莓和西瓜、甜瓜的生产以设施为主，水分养分供应完全依赖于水肥一体化技术，灌溉量、灌溉频率和施肥量等因素都会对其产量和品质产生影响。同时随着消费者对农产品品质重视度逐步提高，种植者对于科学灌溉施肥技术需求度越来越大。为此，笔者联合多方力量，总结生产中各项创新技术、新产品和新模式，聚焦于草莓、西瓜、甜瓜的水肥一体化技术，将理论知识与生产实践相结合，灌溉施肥硬件设施与管理制度相结合，系统知识梳理与关键技术要点相结合，力求图文并茂、形式多样、技术可复制，旨在为广大种植者、农业技术人员以及相关领域的研究者提供一份实用且全面的参考指南。

笔者深入研究了草莓、西瓜、甜瓜的生长特性和需肥规律，结合大量的实践经验和最新的科研成果，详细阐述了水肥一体化技术在这三种作物种植中的应用原理、系统组成、设备选型、操作流程以及注意事项等内容。第一章介绍了北京市特色作物产业发展情况，便于读者了解京郊草莓、西瓜、甜瓜水肥管理现状。第二章主要介绍了节水灌溉施肥设备，包括主要节水灌溉设备、常见施肥设备，以及相关配件，并结合生产实际，整体介绍了草莓和西瓜、甜瓜灌溉施肥系统田间应用场景。第三章对肥料种类与特性进行了介绍，涉及植物营养元素的分类及作用和肥料分类及适宜施用方式。第四章分别介绍了草莓和西瓜、甜瓜的灌溉施肥原则与实践方案。第五章介绍了水肥一体化技术相关内容，包括技术优势、技术模式和智能水肥一体化技术。第六章针对设施生产中常见问题，以问答形式整理了相关内容。

在本书编写过程中，得到多位同行、技术人员和种植园区的支持，在此深表感谢。希望本书能够帮助读者深入了解草莓、西瓜、甜瓜水肥一体化技术的优势和应用方法，掌握科学合理的种植管理技巧，提高种植水平，增加经济效益。同时，也期望能够为推动我国农业现代化进程，促进农业产业绿色、高效、可持续发展贡献一份微薄之力。

由于编者水平有限，加之成书时间仓促，书中不妥和遗漏之处在所难免，敬请读者批评指正。

编者

2024 年 4 月

目录
CONTENTS

设施草莓、西瓜、甜瓜水肥管理实用新技术

第一章
北京市特色作物产业发展情况

■ 第一节　京郊草莓水肥管理现状

一、草莓产业发展现状

草莓适应性强，世界上大部分国家都有栽培。我国草莓产业经过快速发展后，产量已位居世界第一。草莓果实色泽鲜艳，果肉柔软多汁，甜酸可口，并且气味芳香；营养价值较高，含有多种矿质元素及维生素 C，有"水果皇后"的美称[1]。

2018 年世界草莓总栽培面积约为 37.24 万 hm^2 [2]，栽培方式上，草莓主要生产大国如波兰、美国、俄罗斯、德国、土耳其等欧美国家以露地栽培为主，日本保护地栽培面积占总面积的 95% 以上，韩国以塑料大棚保护地栽培为主，西班牙以小拱棚栽培为主[3]。

（一）我国草莓产业发展概况

我国野生草莓资源十分丰富，但大果型栽培草莓在 20 世纪初才传入我国，直到 20 世纪 70 年代末和 80 年代初草莓产业发展才开始加速。1985 年我国草莓栽培面积为 0.33 万 hm^2，2006 年栽培面积 7.93 万 hm^2，总产量突破 150 万 t，跃居世界首位[4]。资料显示，2012 年我国草莓产量达到 276 万 t，其中河北、辽宁、山东为全国最大的草莓产区，栽培面积均达 1 万 hm^2 以上。2018 年我国草莓栽培面积全球最大，达到 11.11 万 hm^2，约占世界草莓总栽培面积的 30%。2020 年我国草莓栽培面积达 16.7 万 hm^2，以设施栽培模式为主，栽培面积世界第一[5]。从全国来看，受品种、栽培技术、气候条件等因素影响，北方地区单位面积草莓产量要高于南方地区。栽培方式上，南方地区草莓生产以塑料大棚及中、大拱棚为主，北方地区以日光温室及中、大拱棚为主。随着我国草莓产业的发展，一些从日本、欧美引入的优良品种如章姬、红颜、圣诞红等逐渐成为国内草莓生产上的主栽品种。

（二）北京草莓产业发展概况

北京草莓产业作为都市农业发展的一部分，不仅为市民的餐桌提供了营养丰富、新鲜味美的果品，而且弥补了北方冬季水果生产淡季新鲜果品的空缺，已成为元旦、春节、元宵节等多个节日中市民出游采摘和农事体验的理想选择，同时为农民带来了较高的经济效益[6,7]。2020—2021 年，北京草莓栽培面积稳定在 834～856hm²，总产量 1.79 万～1.95 万 t。自 2019 年之后，顺义区栽培面积已超过昌平区，2021 年达 273.24hm²，占北京草莓栽培总面积的 31.92%，产量达到 0.70 万 t；昌平区草莓栽培面积位居全市第二，2021 年约为 196.82hm²，占全市总面积的 23.00%，产量为 0.49 万 t（数据来源：北京市统计局）。北京草莓主栽品种仍为红颜，栽培面积占草莓栽培总面积的 93.4%；其次为章姬、圣诞红，分别占 2.0%、1.9%。此外还有白雪公主、小白草莓、越心等国内自育品种，合计占比 2.7%[8]。

京郊草莓生产主要以日光温室为主（彩图 1-1），栽培方式主要为土壤栽培，在生产上大多数凭经验浇水，存在灌溉量偏多、水分利用效率偏低等问题，不利于果实品质提升，同时也会造成水资源和肥料的浪费，污染生态环境。根据近年来监测点数据，对北京草莓主产区的灌溉管理现状进行了分析，为行业未来发展提供支撑。

二、京郊草莓水肥一体化技术灌溉应用现状

草莓属于浅根系作物，具有植株矮小、叶片蒸发量大、需水量大的特点，水肥管理对草莓产量和品质具有极其重要的作用。草莓根系大部分集中在土壤 20cm 左右深度，20cm 土层中水分含量在 18～26mm 是草莓根系吸水活跃的范围。在根系生长旺盛时进行水肥的补充，在土壤环境温度低、根系吸收能力弱时适当减少水肥的补充，按需供应，既可满足植株正常生产又避免浪费，节约资源，提高资源利用率。通过智能化的监测、合理化的灌溉来实现精准操作，可提高水分的利用率，同时对草莓的产量和品质有促进作用。

（一）京郊草莓灌溉施肥系统应用现状

京郊草莓生产中 90% 以上都已经采用节水灌溉技术，其中滴灌施肥面积占比最高。目前京郊草莓灌溉施肥系统主要分为三大类：文丘里施肥器、比例施肥器和全自动施肥机，散户草莓种植者多选用文丘里施肥器，中小规模园区多采用比例施肥器，全自动施肥机主要应用于大型草莓种植园。

（二）京郊草莓灌溉施肥管理技术现状

京郊草莓灌溉施肥（彩图 1-2）目前多采用以经验为主的时序灌溉策略，种植人员根据草莓的生育时期、天气状况和土壤水分确定灌水周期、灌溉时间和灌水定额。栽培形式是影响灌溉施肥策略的重要因素之一，9 月至翌年 3 月，土壤栽培一般 7d 灌溉一次、14d 施肥一次；基质栽培灌溉施肥管理策略差异较大，大部分农户采用 3d 左右灌溉施肥一次，少数采用少量多次的管理

策略，每天灌溉施肥 3～4 次，见到回液即停止灌溉。3 月以后，增加灌溉量和灌溉频次，土壤栽培 5d 灌溉施肥 1 次，基质栽培 1d 灌溉施肥 1～3 次。

（三）草莓不同生长阶段水分灌溉情况

1. 不同生长阶段平均灌水量

以昌平区为例，草莓不同生长阶段平均灌水量在末果期最大，平均每亩*57m³；其次是中果期和花芽分化期，分别为每亩 39m³ 和 35m³；盛花期和坐果期灌水量最小，平均每亩 7m³。

2. 不同生长阶段平均灌水次数

各年草莓平均灌水次数在末果期、花芽分化期、中果期最多，依次为 12 次、11 次、10 次，定植期、始收期和盛果期 4 次，显蕾期和初花期 3 次，盛花期和坐果期 2 次。

3. 不同生长阶段平均单次灌水量

各年草莓不同生育时期平均单次每亩灌水量依次为末果期 4.9m³、中果期 4.1m³、定植期 3.6m³、显蕾期 3.6m³、盛花期 3.6m³、坐果期 3.6m³、盛果期 3.6m³、始收期 3.4m³、初花期 3.3m³、花芽分化期 3.2m³。

4. 不同生长阶段日均灌水量

各年草莓不同生育时期每亩日均灌水量依次为定植期 14.1m³、花芽分化期 1.2m³、末果期 0.9m³、显蕾期 0.7m³、初花期 0.6m³、中果期 0.6m³、盛花期 0.5m³、坐果期 0.5m³、始收期 0.5m³。草莓全生育期中，定植期、花芽分化期、末果期日均灌水量最大，茎叶生长期与果实膨大期日均灌水量 500～1 200mL，仍有较大的节水空间。

（四）草莓水分产出效果分析

水分利用效率指植物消耗单位水量所产出的同化量，反映植物生产过程中的能量转化效率，也是评价一定水分条件下植物生长适宜度的综合指标之一。每亩灌溉量为 200m³ 时，水分利用效率最高；每亩灌溉量为 220m³ 时，水分利用效率最低。京郊设施草莓全生育期 4 年水分利用效率分别为 10.8kg/m³、10.4kg/m³、8.2kg/m³、9.8kg/m³，平均 9.8kg/m³。

草莓 4 年亩均产量 2 049kg，平均价格 44 元/kg，平均产值 90 665 元，亩均投入成本（种苗、肥料、农药、人工、水费、电费、棚室折旧费等）25 954 元，亩均纯收入 64 711 元。水分经济利用效率分别为 400.3 元/m³、283.6 元/m³、179.7 元/m³、389.8 元/m³，平均 313.3 元/m³。

日光温室草莓经济效益以每亩灌溉量为 170.8m³ 时最高，为 32 156.6 元。当每亩灌溉量在 93.4～170.8m³ 范围内，效益随着灌溉量的增加呈递增趋势；

---

* 亩为非法定计量单位，1 亩＝1/15hm²。——编者注

当每亩灌溉量超过 170.8m³ 时，利润呈下降的趋势。

三、京郊草莓施肥现状

（一）有机肥投入情况

有机肥的施用现状如表 1-1 所示，亩有机肥平均投入量为 2 062.76kg。其中使用两种有机肥的样本占 23.41%，10.64% 的农户选择商品有机肥和牛羊粪配合，用肥总量每亩达到 3 250kg；8.51% 的农户选择商品有机肥和豆饼配合，用肥总量每亩达到 2 383.33kg；4.26% 的农户选择鸡粪和牛羊粪配合，亩用量达到 3 416.67kg。使用一种有机肥的样本占 76.60%，17.02% 的农户使用鸡粪，平均亩用量为 1 770.83kg；21.28% 的农户使用牛羊粪，平均亩用量为 1 733.33 kg；38.30% 的农户单独使用商品有机肥，平均亩用量为 1 824.07kg。对施入有机肥的养分进行加权统计，依据梁金凤等[9]总结的有机肥养分含量计算 N、P_2O_5、K_2O 养分投入量，每亩 N、P_2O_5、K_2O 养分投入量平均为 36.72kg、41.93kg 和 37.67kg。

表 1-1　京郊草莓种植有机肥投入现状

有机肥施用种类	样本占比（%）	亩平均用量（kg）		亩平均养分含量（kg）		
		第 1 种	第 2 种	N	P_2O_5	K_2O
鸡粪＋牛羊粪	4.26	1 666.67	1 750.00	63.70	76.41	63.93
商品有机肥＋豆饼	8.51	2 145.83	237.50	51.13	45.76	44.28
商品有机肥＋牛羊粪	10.64	1 583.33	1 666.67	51.07	59.36	54.78
鸡粪	17.02	1 770.83		40.91	49.76	39.67
牛羊粪	21.28	1 733.33		24.96	29.29	26.35
商品有机肥	38.30	1 824.07		31.19	35.93	33.93
养分加权		2 062.76		36.72	41.93	37.67

（二）化肥投入情况

2.17% 的农户底肥选择尿素和三元复合肥（N-P_2O_5-K_2O 为 15-15-15，下同）混合使用，平均亩用量分别为 8.33kg 和 41.67kg，用量以复合肥为主。4.35% 的农户底肥选择硫酸钾和三元复合肥（15-15-15）混合使用，平均亩用量分别为 33.33kg 和 66.67kg，三元复合肥用量约为硫酸钾的 2 倍。17.39% 的农户底肥选择过磷酸钙，平均亩用量为 56.25kg，养分（P_2O_5）含量为 10.13kg。36.96% 的农户底肥选择过磷酸钙和三元复合肥（15-15-15）混合使用，平均亩用量分别为 34.31kg 和 32.84kg，以达到养分均衡并补充钙肥。

39.13％的农户底肥选择单独使用三元复合肥（15-15-15）33.80kg。综合几种底肥化肥使用情况，进行加权平均，京郊草莓底肥化肥养分 N、P_2O_5、K_2O 投入量分别为 4.46kg、8.42kg、5.14kg。

不同农户追肥用肥种类有一定差异，笔者按照养分含量分为平衡肥和高钾肥，占比分别为 52.11％和 45.07％，另有 2.82％的农户不完全了解养分含量或误填，列为其他类型。调研结果中追肥只使用平衡肥的农户占比达 19.15％，N-P_2O_5-K_2O 养分含量有 15-15-15、18-18-18 和 20-20-20 三种；其余 27.66％的农户追肥只用高钾肥，其中有 30.73％的农户选择两种高钾肥搭配使用，如前期用 N-P_2O_5-K_2O 为 19-8-27 的水溶肥，后期用 N-P_2O_5-K_2O 为 16-8-34 的水溶肥。

种植草莓的经济效益高于设施蔬菜，故农户愿意尝试多种新型肥料来达到提质增效的目的。调研中使用含菌肥、海藻酸、腐植酸、氨基酸等新型肥料的农户占比达 89％。

京郊草莓全生育期每亩化肥总投入 34.80kg。基肥中平均化肥投入量为 18.02kg，追肥平均化肥投入量为 16.78kg，基施化肥养分用量占化肥（基肥＋追肥）养分总量的 51.78％。化肥（基肥＋追肥）N、P_2O_5 和 K_2O 养分平均每亩投入分别为 9.09kg、12.74kg 和 12.98kg，N：P_2O_5：K_2O 为 1：1.40：1.43。

四、京郊草莓水肥一体化技术应用中存在的问题

京郊草莓水肥一体化技术应用中，施肥设备是重要影响因素之一。目前主要应用的文丘里等简易水动力施肥设备，存在压力损失大、费时费工等问题；大型施肥设备成本较高，操作复杂，技术门槛高，后期维修难等。

水肥管理水平有待进一步提高，土壤栽培中仍沿用大水大肥的传统管理模式，水肥投入过多。缺乏针对基质栽培的水肥管理技术，缺少精准水肥调控的设备。

在底肥施用过程中，大多数种植户混合施用多种有机肥或化肥，养分投入量多，易造成养分浪费。而且基施化肥养分比例过高，增加了养分损失风险，因此未来生产中在化肥总量减少的基础上要进一步探索化肥基追比例等养分运筹策略，提高化肥利用率。在肥料施用量上，存在过量施用现象，造成植株营养生长旺盛，影响生殖生长如坐瓜、果实膨大以及品质形成，同时也造成肥料的浪费和环境污染。其中磷肥过量施用现象较严重，易导致脐腐病。另外磷过量可引起早衰，还可间接抑制对锌、铁、钙等元素的吸收，造成生理病害。

参考文献

[1] 马鸿翔，段辛媚. 南方草莓高效益栽培［M］. 北京：中国农业出版社，2001：34-36.

[2] 王鸣谦，薛莉，赵珺，等．世界草莓生产及贸易现状［J］．中国果树，2021（2）：104-108.

[3] 赵密珍，王静，王壮伟，等．世界草莓生产和贸易［J］．果农之友，2012（6）：38.

[4] 王忠和．中国草莓生产现状及发展建议［J］．中国农村小康科技，2008（11）：21-23.

[5] 高苇，杨利娟，刘亚全，等．设施草莓根腐病的病原及其综合防治技术［J］．天津农业科学，2021，27（2）：36-39.

[6] 宗静，马欣，王琼，等．北京市草莓产业发展现状与对策［J］．作物杂志，2012（3）：16-19.

[7] 于静湜，齐长红，陈加和，等．昌平区草莓产业发展现状及对策建议［J］．蔬菜，2021（增刊）：100-105.

[8] 宗静，王琼，马欣，等．北京市草莓产业发展现状与问题对策［J］．中国蔬菜，2018（7）：14-18.

[9] 梁金凤，齐庆振，贾小红，等．京郊有机肥料的质量状况分析［J］．中国土壤与肥料，2009（6）：79-83.

第二节　京郊西瓜、甜瓜水肥管理现状

西瓜又称为寒瓜、夏瓜、水瓜，是葫芦科西瓜属中重要的一年生藤本作物[1,2]，其口味香甜、汁水丰富、清新爽口，是人们夏日解暑的不二之选[3]，有夏季"瓜果之王"的美誉[4]。西瓜还具有重要的营养价值，其果肉中富含大量维生素、糖类物质，含有丰富的钾、钙、镁、铁、磷、锌等多种大量及微量营养元素，还含有多种氨基酸及生物活性物质[5]，具有解热散暑、生津止渴及消水肿等药用功效[6]，咽喉肿痛时常用的"西瓜霜"就是用西瓜制成[7]。

甜瓜又称为香瓜，是葫芦科黄瓜属甜瓜种中一年生匍匐草本作物[8]，其香味馥郁、口感酥脆、口味甘甜、汁水丰富[9]，深受人们的喜爱，被评为"全球十佳果品"之一[10]。甜瓜还含有丰富的营养成分，其果肉中富含多种人体所需的维生素、矿物质和碳水化合物等营养成分[11]，具有生津止渴、清热解毒、消除烦躁等药用功效[12-14]。

一、西瓜、甜瓜产业概况

联合国粮食及农业组织（FAO）数据库数据显示，2021年全球西瓜，收获面积 $3.03\times10^6\,hm^2$ [15]，占全球水果总面积的5%左右，在全球水果收获面积中排名第八；全球西瓜产量 $1.02\times10^8\,t$，占全球水果总产量的10%以上，在全球水果总产量中排名第二；西瓜单产水平较高，可达 $33.52t/hm^2$，在全球水果单产中排名第一[16]，是世界上高产出的大宗瓜果园艺作物。西瓜产业在全球分布广泛，经统计约有100个国家或地区种植西瓜[6]，从各大洲来看，

亚洲是西瓜最大的生产区域，其次，非洲、美洲和欧洲的收获面积与产量不相上下，而大洋洲则最少。从国家来看，全球西瓜收获面积前十名的国家是中国、伊朗、俄罗斯、苏丹、巴西、印度、土耳其、阿尔及利亚、哈萨克斯坦及越南，前十名国家西瓜收获面积总和占全球西瓜收获总面积的70%以上；全球西瓜产量前十名的国家是中国、伊朗、土耳其、印度、巴西、阿尔及利亚、俄罗斯、乌兹别克斯坦、美国和埃及，前十名国家西瓜产量总和占全球西瓜产量的80%以上[17]。由此可见，西瓜在全球众多国家均有种植，而且我国多项数据均为第一[18]。

FAO数据库数据显示，2021年全球甜瓜收获面积$1.08 \times 10^6 hm^2$，占全球水果收获面积的1.5%左右，在全球水果收获面积中排名第十五；产量$2.86 \times 10^7 t$，占全球水果总产量的3%以上，在全球水果总产量中排名第十；总产值高达1 000亿美元以上[19]，其单产可达$26.56 t/hm^2$。甜瓜在全球范围内广泛种植，其主要生产国较为集中。从各大洲来看，亚洲是全球甜瓜最大的生产和消费地。亚洲甜瓜收获面积和产量占比达到70%左右；美洲、非洲和欧洲的甜瓜收获面积和产量大致相同，而大洋洲最少。从国家来看，全球甜瓜收获面积前十名的国家是中国、伊朗、土耳其、印度、哈萨克斯坦、阿富汗、美国、危地马拉、埃及、意大利，前十名国家甜瓜收获面积总和占全球甜瓜收获总面积的70%以上；产量前十名的国家是中国、土耳其、伊朗、印度、哈萨克斯坦、美国、埃及、西班牙、危地马拉、意大利，前十名国家甜瓜产量总和占全球甜瓜总产量的80%左右。由此可知，全球范围内甜瓜种植广泛，且我国面积和产量均位列第一，其他甜瓜生产国与我国存在一定差距[17]。

（一）全国西瓜、甜瓜产业发展概况

西瓜在我国种植历史悠久，拥有不可或缺的地位。西瓜具有极强的适应性，对气候条件要求较低，而我国幅员辽阔，拥有多种热量带，具备天然的气候优势，我国大部分地区具有适宜西瓜生长的气候和土壤等条件，30多个省份均可种植西瓜。据统计，2020年我国西瓜种植面积为$1.41 \times 10^6 hm^2$，占全球西瓜总种植面积的46.04%；总产量为$6.02 \times 10^7 t$，占全球西瓜总产量的59.29%[18]。现如今，西瓜是人们生活中不可缺少的鲜食水果，消费者对西瓜的需求量也在逐年增加，因而西瓜产业能有效带动我国农村种植业和经济的发展。

我国作为甜瓜的次级起源中心，拥有悠久的种植历史。从全球看我国是最大的甜瓜生产国，甜瓜在我国种植广泛。据统计，2020年我国甜瓜种植面积为$3.89 \times 10^5 hm^2$，占全球甜瓜总种植面积的36.3%；总产量为$1.39 \times 10^7 t$，占全球甜瓜总产量的48.7%[19]。甜瓜产量在我国不同省份间存在一定差距，其中，以新疆、山东、河南、河北、内蒙古五省份水平较高，五省份甜瓜产量

总和约占我国甜瓜产量的 60%。如今，甜瓜产业在我国仍不断发展，在满足人们高水平生活需要的同时，带动了农民增收致富[20]。

（二）京郊西瓜、甜瓜产业发展概况

西瓜、甜瓜作为北京都市农业发展的重要组成部分，其栽培周期短、经济效益高，成为承载京郊农民获得稳定收入和市民休闲采摘的支柱产业，在北京农业增效、农民增收和乡村振兴战略中发挥着重要作用（彩图 1-3、彩图 1-4）。北京市西瓜、甜瓜种植主要集中于大兴、顺义、平谷、昌平、通州、延庆等区，西瓜主要产区为大兴，甜瓜以顺义区种植最多[21]。北京市大兴区拥有闻名于全国的西瓜品牌，2007 年，"大兴西瓜"获得国家农产品地理标志的登记保护，成为首都特色农业名片。大兴区庞各庄镇是闻名全国的"中国西瓜之乡"[22]。据农业农村部数据统计，2019 年北京市西瓜种植面积为 2.70×10^3 hm^2，总产量为 $1.30 \times 10^5 t$，每公顷单产为 $4.80 \times 10^4 kg$。据 2020 年北京都市型现代农业产业发展报告调研数据显示，全市西瓜、甜瓜种植面积约为 $2.62 \times 10^3 hm^2$，大兴区和顺义区的 8 个乡镇共同形成了北京市西瓜产业的 2 个重要产业带，占全市西瓜总种植面积的 85%[23,24]。

二、京郊西瓜、甜瓜水分管理概况

（一）西瓜、甜瓜灌溉设备

灌溉水源是指天然水资源中可以用于灌溉的水体，全市 2020 年水资源总量为 25.76 亿 m^3，其中地表水资源量 8.25 亿 m^3，地下水资源量 17.51 亿 m^3。农业灌溉水源主要为机井抽取地下水，机井需要配套变频和过滤设备，才能提高灌溉效果，延长设备使用寿命。变频就是改变供电频率，从而调节负载，起到降低功耗、减小损耗等作用，变频控制系统（彩图 1-5）主要由变频控制器、编程控制器、压力感应器、安全装置、显示装置等集成，可以按照不同灌水单元的供水压力和流量需要，自动进行工频变频切换，调节水泵压力和流量。过滤器是利用一定的设备，去除灌溉水中的杂质，提高灌溉水质量。常用的过滤器有离心过滤器、砂石过滤器、网式过滤器、碟片过滤器等。过滤系统一般由几种过滤器组合而成，比如常用的过滤系统为离心过滤器＋网式过滤器（彩图 1-6），离心过滤器为一级过滤，主要作用是滤去水中较大的沙粒；网式过滤器为二级过滤，作用是滤掉水中较细小的沙粒和肥料中的不溶物。但是调研结果显示，北京市西瓜、甜瓜种植户仅有 57.39% 安装了变频设备，35.65% 安装了过滤设备，25.22% 既有变频又有过滤设备，37.39% 的机井没有配套设施。

（二）西瓜、甜瓜灌溉方式

灌溉方式是指从水源取水补给到田间的方法，包括畦灌、漫灌等传统地面灌溉，以及滴灌、微喷等节水灌溉方式。传统地面灌溉的优点是投资较低，容

易实施，但是费水费工，且容易造成地面板结，滋生病虫害等问题；节水灌溉方式省水省工，有利于调节田间小气候，便于实现水肥一体化，促进增产增收，但是需要额外增加投资成本。调研结果显示，北京市西瓜种植户62.39%仍采用传统地面灌溉方式，其中26.61%为大水漫灌，18.35%为膜上沟灌，17.43%为膜下沟灌；64.22%的种植户采用了节水灌溉方式，其中还有26.61%种植户既采用节水灌溉方式，也采用传统地面灌溉方式。采用节水灌溉方式的种植户，52.29%采用了滴灌，11.93%采用了微喷。87.51%的甜瓜种植户选用了滴灌（78.13%）和微喷（9.38%）节水灌溉方式，还有12.49%的种植户仍采用大水漫灌、膜上沟灌和膜下沟灌等传统地面灌溉方式。

（三）西瓜、甜瓜灌溉制度

灌溉制度是根据作物需水特性和当地气候、土壤、农业技术等因素制定的灌水方案，主要包括灌水次数、灌水时间、灌水定额和灌溉定额。灌水定额是指单位面积的一次灌水量，灌溉定额是指单位面积作物整个生育期灌水量总和。种植户应该根据天气状况、作物长势、土壤墒情等综合制定科学合理的灌溉制度。但西瓜、甜瓜生产过程中，60%的种植户根据土壤墒情决定是否灌溉，35%的种植户根据西瓜、甜瓜长势判断能否浇水，还有5%根据天气条件来决定，总体而言都是根据过往个人经验进行决策，所以不同种植户灌溉管理中存在较大差异。

西瓜、甜瓜对水分需求较大，茬口和生育时期不同，对水分的需求也存在较大差异。总体而言，苗期需水较低，伸蔓期稍高，膨瓜期需水量最大。膨瓜期必须保证充足的水分供应，否则严重影响产量和品质。春茬西瓜甜瓜膨瓜期气温较高，所以一般春茬的需水量比秋茬要多。大部分种植户春茬西瓜亩灌溉量在100m³以上，共浇水4～6次，其中膨瓜期灌溉量在50m³以上，浇水2～3次；春茬甜瓜亩灌溉量为80～120m³，共浇水4～6次，其中膨瓜期灌溉量为20～40m³，浇水1～2次。与春茬西瓜（甜瓜）相比，秋茬西瓜灌溉量较小，亩灌溉量为80～100m³，共浇水4～6次，其中膨瓜期灌溉量为20～50m³，浇水1～2次；秋茬甜瓜亩灌溉量为80～100m³，共浇水3～5次，其中膨瓜期灌溉量为20～30m³，浇水1次。

三、京郊西瓜、甜瓜施肥现状

（一）有机肥施用现状

种植户施用的有机肥种类较多，主要类型为鸡粪（占47.10%）和商品有机肥（占19.30%）。施用鸡粪的种植户中有48.21%同时配合使用生物有机肥或商品有机肥，亩总用量为1～3t。其中使用1.5t的占比最高，达到35.71%；其次是使用2t的种植户，占比为26.78%。商品有机肥亩施用量同样集中在 1～3t，用量 1.5t 的种植户占比最高，约为 30.43%，剩余施用量的样本分布较均匀，具体见表 1-2。此外，施用生物有机肥的种植户占比为 17.60%，其中 52.27% 的种植户施用量集中在 1.5～2t。种植户一般认为商品有机肥养分含量较低，故仍愿意与粪肥搭配施用；种植户对生物有机肥有一定认可，但影响其施用的主要因素是价格，均表达希望将生物有机肥列入政府补贴项目中。有 4.20% 的种植户没有选用粪肥，而是选择香油渣或发酵花生饼，认为其可以提升果实品质。

表 1-2　不同类型有机肥用量占比

亩用量 (t)	占比（%）						
	鸡粪	猪粪	牛粪	商品有机肥	生物有机肥	其他	合计
1	5.9	0	1.7	1.7	1.7	0	10.9
1.5	16.8	0	1.7	5.9	4.2	1.7	30.3
2	12.6	0	0.8	4.2	5	0.8	23.5
2.5	5	0.8	1.7	2.5	2.5	0	12.6
3	5	0.8	3.4	2.5	2.5	1.7	16
其他	1.7	0	0.8	2.5	1.7	0	6.7
合计	47.1	1.7	10.1	19.3	17.6	4.2	100

调研结果显示（表 1-3），施用不同类型有机肥的亩用量不同，鸡粪平均施用量为 1.79t，猪粪施用量为 2.75t，牛粪施用量为 2.00t，商品有机肥施用量为 1.70t，生物有机肥施用量为 1.81t。通过加权平均计算可得，亩有机肥平均用量为 2.0t。依据机肥养分含量计算可得亩平均投入养分量为 109.17kg，每亩 N、P_2O_5、K_2O 养分平均投入量分别为 34.97kg、39.41kg、34.79kg。

表 1-3　不同类型有机肥养分投入情况

有机肥种类	养分含量（%）			平均亩用量（t）	折合养分亩投入量（kg）		
	N	P_2O_5	K_2O		N	P_2O_5	K_2O
鸡粪	2.31	2.81	2.24	1.79	41.35	50.30	40.10
猪粪	1.92	2.08	1.75	2.75	52.80	57.20	48.13
牛粪	1.44	1.69	1.52	2.00	28.80	33.80	30.40
商品有机肥	1.71	1.97	1.86	1.70	29.07	33.49	31.62
生物有机肥	1.26	1.23	1.31	1.81	22.81	22.26	23.71

（二）化肥施用现状

如表 1-4 所示，西瓜、甜瓜全生育期养分亩投入量为 53.18kg，其中 N、P_2O_5、K_2O 投入量分别为 16.40kg、15.21kg 和 21.57kg。每亩基肥养分投入量为 15.72kg，追肥养分投入量为 37.46kg。全生育期化肥总投入 N：P_2O_5：K_2O 为 1：0.93：1.32，基施化肥养分（$N+P_2O_5+K_2O$）用量占化肥（基肥＋追肥）养分总量的 29.56%。

表 1-4　化肥施用情况

肥料施用方式	使用时期	亩养分含量（kg）			种植户施肥养分比例
		N	P_2O_5	K_2O	
基肥	定植前	4.76	6.05	4.91	1：1.27：1.03
追肥	伸蔓期	3.59	3.30	3.64	1：0.92：1.01
	坐果前期	2.54	2.10	3.66	1：0.83：1.44
	坐果中期	2.91	1.93	5.19	1：0.66：1.78
	坐果后期	2.60	1.83	4.17	1：0.70：1.60
合计		16.40	15.21	21.57	1：0.93：1.32

种植西瓜、甜瓜的经济效益高于设施蔬菜，故种植户愿意尝试多种新型肥料达到提质增效的目的。调研了施用追肥的类型，26% 的种植户只施用普通水溶肥，74% 的种植户选择配合施用新型肥料，其中施用菌肥的农户占 26%，施用含海藻酸的水溶肥占 11%，施用含腐植酸的水溶肥占 16%，其他如鱼蛋白或者多种成分复合的新型肥料占 21%。

（三）两种灌溉方式的施肥现状

两种灌溉方式下西瓜、甜瓜各个阶段化肥用量如表 1-5 所示，传统沟灌化肥亩总用量 99.56kg，其中养分投入 N、P_2O_5、K_2O 分别为 16.76kg、15.75kg 和 21.91kg，分别较节水灌溉方式高 1.78kg、2.41kg 和 1.85kg。比较西瓜、甜瓜各时期养分投入总量，差别较大的是坐果中期和坐果后期，传统沟灌方式在这两个时期亩养分投入总量分别较节水灌溉方式高 2.28kg 和 2.53kg，采用节水灌溉方式累计节约养分投入 6.04kg（彩图 1-7 至彩图 1-10）。

表 1-5　不同灌溉方式化肥施用情况

灌溉方式	用肥时期	每亩化肥用量（kg）	养分含量（kg）			每亩养分总投入（kg）
			N	P_2O_5	K_2O	
传统沟灌方式	定植前	28.72	4.93	6.07	4.83	15.83
	伸蔓期	19.16	3.54	3.33	3.53	10.40
	坐果前期	15.66	2.43	2.06	3.75	8.24
	坐果中期	19.02	3.04	2.19	5.40	10.63
	坐果后期	17.00	2.82	2.10	4.40	9.32
	合计	99.56	16.76	15.75	21.91	54.42

（续）

灌溉方式	用肥时期	每亩化肥用量（kg）	养分含量（kg）			每亩养分总投入（kg）
			N	P_2O_5	K_2O	
节水灌溉方式	定植前	25.29	4.28	5.89	5.06	15.23
	伸蔓期	18.89	3.29	2.74	3.56	9.59
	坐果前期	15.37	2.84	2.18	3.40	8.42
	坐果中期	15.28	2.51	1.33	4.51	8.35
	坐果后期	12.50	2.06	1.20	3.53	6.79
	合计	87.33	14.98	13.34	20.06	48.38

四、京郊西瓜、甜瓜节水灌溉中存在的问题

（一）西瓜、甜瓜节水灌溉方式应用率偏低

调研结果显示，西瓜、甜瓜生产过程中，很多种植户仍然采用大水漫灌或沟灌等传统地面灌溉方式，特别是西瓜生产中有60％以上的种植户未采用节水灌溉方式，主要有以下几个方面的原因：节水灌溉方式增加了生产成本，灌水器易堵塞影响使用效果，机械化程度偏低变相增加用工成本，灌溉管路影响农机进地作业。

（二）西瓜、甜瓜节水灌溉配套设施不完善

微灌技术相关的硬件设施欠缺，是影响滴灌推广应用的重要限制因素之一。机井首部设施不齐全，影响节水灌溉应用效果。地多井少，地下管网老化，影响灌溉质量；部分机井没有配套安装过滤器、水表等，导致滴灌设备使用寿命缩短，影响灌溉均匀度。

（三）西瓜、甜瓜水肥管理制度不明确

西瓜、甜瓜生产过程中，节水灌溉条件下，水肥管理制度并不明确，很多种植户仍然沿用传统方法进行灌溉，安装滴灌设备后仍采用大水漫灌的方式进行浇水，加大单次灌溉时长，亩用水量仍然偏多。

参考文献 ●●●

[1] 何亚萍. 西瓜种质抗旱性鉴定及遗传多样性分析［D］. 杨凌：西北农林科技大学，2022.

[2] 张晨光. 西瓜种质资源果实性状遗传多样性及全基因组关联分析［D］. 北京：中国农业科学院，2021.

[3] 杨奎. 不同包衣成分处理对西瓜、甜瓜种子萌发、壮苗及防病效果的研究［D］. 乌鲁木齐：新疆农业大学，2021.

[4] 孙慧. 设施西瓜新品种比较试验［D］. 哈尔滨：东北农业大学，2018.

[5] 袁平丽．西瓜果实代谢组的生化及遗传基础研究 [D]．武汉：华中农业大学，2021.

[6] 李羽佳．中国典型区域西瓜施肥现状及氮肥优化研究 [D]．重庆：西南大学，2019.

[7] 高优洋．小果型西瓜离体再生体系建立及多倍体诱导研究 [D]．合肥：安徽农业大学，2020.

[8] 张丽娟．不同品种厚皮甜瓜果实发育与环境因子的相关性及品质比较的研究 [D]．银川：宁夏大学，2022.

[9] 张培岭．甜瓜采后链格孢侵染及水杨酸处理诱导抗病机理的研究 [D]．乌鲁木齐：新疆农业大学，2017.

[10] 熊亚男．化肥减施与有机肥及木霉菌剂配施对薄皮甜瓜品质和肥料利用的影响 [D]．大庆：黑龙江八一农垦大学，2022.

[11] 刘柳．甜瓜果皮条纹的遗传分析及其决定基因的精细定位 [D]．哈尔滨：东北农业大学，2019.

[12] 李乐．不同种植密度与功能叶数量对大棚厚皮甜瓜光合特性及产量品质的影响 [D]．银川：宁夏大学，2022.

[13] 丁娟．阜宁县适宜甜瓜品种的筛选与栽培技术研究 [D]．扬州：扬州大学，2021.

[14] 管力慧．拮抗菌对甜瓜贮藏品质及生理影响的研究 [D]．乌鲁木齐：新疆大学，2021.

[15] 许海英．精准施肥管理对西瓜、甜瓜产量和品质的影响 [D]．合肥：安徽农业大学，2022.

[16] 王恩煜．减施化肥增施有机肥或菌肥对嫁接西瓜产量与品质的影响 [D]．杨凌：西北农林科技大学，2021.

[17] 王娟娟，李莉，尚怀国．我国西瓜、甜瓜产业现状与对策建议 [J]．中国瓜菜，2020，33（5）：69-73.

[18] 冀亚文．哈尔滨市双城区西瓜、甜瓜产业现状调查及对策建议 [D]．哈尔滨：东北农业大学，2021.

[19] 陈浩天．我国西瓜和甜瓜栽培模式发展现状、问题及对策 [D]．沈阳：沈阳农业大学，2019.

[20] 袁娟梅．广西南宁市西瓜产业发展现状、问题与对策 [D]．南宁：广西大学，2017.

[21] 刘超，胡宝贵．多功能农业视角下的北京市西瓜产业发展 [J]．中国瓜菜，2018，31（8）：45-48.

[22] 江姣，于琪，贾文红．北京地区西瓜供应创新模式探索 [J]．中国蔬菜，2023（3）：116-118.

[23] 马超，曾剑波，朱莉，等．北京西瓜产业发展40年来回顾及展望 [J]．中国瓜菜，2022，35（2）：112-117.

[24] 高玉琦，胡宝贵．北京市西瓜产业发展现状及对策建议 [J]．中国瓜菜，2020，33（11）：87-89，93.

● 第二章
节水灌溉施肥设备

🔲 第一节　主要节水灌溉设备

一、滴灌管（带）

滴灌就是滴水灌溉技术，它是将具有一定压力的水，由滴灌管道系统输送到毛管，然后通过安装在毛管上的滴头、孔口或滴灌带等灌水器，将水以水滴的方式均匀而缓慢地滴入土壤，以满足作物生长需要，属于局部灌溉技术。20世纪60年代，以色列人创造了滴灌技术，利用1套塑料管道系统将水直接输送到每棵作物根部。接着，美国、澳大利亚、南非等地继续研究和应用，我国也于1974年引进滴灌技术，且发展较快。滴灌具有省水省工、增产增收的效果，与大水漫灌相比，可以节约灌溉用水30%～50%，不仅减少地面径流和无效蒸发，还可以大大提高水资源利用效率；减少灌溉导致的土壤结构变化，避免土壤板结；有效控制环境空气湿度，降低病虫害发生频率，提高作物产量和品质。

内镶式滴灌管是将圆柱滴头间歇式连续内镶于管中，经高温黏合为一体，并在管上加工孔眼，管壁较厚，卷盘后仍呈管状。内镶贴片式滴灌带是通过热压等工艺将贴片滴头镶嵌在内壁上，形成出水口和内部管道的通路。贴片式滴灌带优点是滴头不容易堵塞，管壁较厚，抗拉强度较大，寿命较长；缺点是成本相比侧翼迷宫式滴灌带较高。侧翼迷宫式滴灌带是通过真空模具吹塑出迷宫流道，管壁厚度一般较薄。迷宫式滴灌带优点是成本低；缺点是灌溉均匀性差，不抗堵塞，耐用性差，寿命短。

根据与毛管的连接方式，滴头可以分为管上式滴头（彩图2-1）和管间式滴头（彩图2-2）两种。管间式滴头在滴灌系统中作为毛管的一段而与毛管连接，水流经过滴头向下一段毛管流去。管上式滴头则是直接插在毛管壁上的滴水器。

按照消能方式，滴头可以分为压力补偿式（彩图2-3）和非压力补偿式。水流经过滴头曲折的流道，将管道内的水压力降低的过程称为消能，滴头出水量以 1~10L/h 为主,流态指数趋于 0 的滴头为压力补偿式滴头,趋于 1 的为非压力补偿式滴头。压力补偿式滴头的流量不随压力而变化,在水流压力的作用下,滴头内的弹性体(硅橡胶片)使流道(或孔口)形状改变或过水断面面积发生变化,当压力减小时,增大过水断面面积,当压力增大时,减小过水断面面积,从而使滴头出流量保持稳定。

滴灌常见的形式有内嵌圆柱式滴灌管(彩图 2-4)、内镶贴片式滴灌带(彩图 2-5)和侧翼迷宫式滴灌带(彩图 2-6)。

二、微喷带

微喷带(彩图 2-7)又称多孔管、喷水带,是在可压扁的塑料软管上采用机械或激光技术直接加工出水小孔,进行微喷灌的节水灌溉设备,具有喷水柔和、易于铺设卷收、低廉等优点。与滴灌、喷灌等灌溉技术相比,单位长度微喷带流量是滴灌管(带)的数倍,单位面积投资低于滴灌系统,工作压力低于喷灌系统,运行成本较低且对作物的打击动能小。与其他灌溉方式对比,微喷带灌溉工作压力低,灌溉水量大,灌溉周期短,成本低,易维护保养与实施水肥一体化,提高水肥利用率。

微喷带的出水孔多半采用多孔分组方式,按照一定距离和一定规律布设,如:斜五孔、斜三通、横三孔、左右孔和无孔等,孔径为 0.1~1.2mm,孔呈圆形。普通型微喷带直径主要包括 20、22、25.4、28.6、32、40、50、63、75mm,普通型一般用机械打孔,加强护翼型用采用激光打孔。微喷带上的出水小孔直径一般有 0.5、0.7、0.8、1.0、1.2mm,打孔方式有机械和激光两种。普通型亩小时流量 10~15m^3,工作压力 0.03~0.1MPa,喷洒幅度 3~5m 为最经济喷幅;加强护翼型百米小时流量 12m^3 左右,工作压力 0.1~0.2MPa,喷洒幅度 7m 左右。

三、其他

除滴灌和微喷外,微灌还包括涌泉灌和小管出流等形式。与滴灌和微喷相比,二者出水量较大,可以有效缓解灌水器堵塞问题,缩短单次灌水时长,解决西瓜定植等用水高峰期的集中灌溉需求;与大水漫灌相比,具有显著节水效果,提高水资源利用效率。

涌泉灌又称涌灌,管道中的压力水通过灌水器,即涌水器,以小股水流或泉水的形式施到土壤表面的一种灌水形式。涌泉灌灌水流量较大(一般不大于220L/h),远远超过土壤的渗吸速度,因此通常需要在地表形成小水洼来控制水量。涌泉灌具有可以改善土壤结构、提高土壤肥力等作用,与传统地面灌溉相比可节水 50%以上,灌溉均匀度可达 90%左右。与其他微灌形式相比,出水量较大，不易引起灌水器堵塞，灌溉均匀度高，系统运行可靠，便于管护以及造价低廉等。

小管出流技术是指将塑料小管与毛管连接，把来自输配水管网的有压水以细流形式，采用积水入渗的方式湿润作物根区土壤的微灌技术。是介于管道输水灌溉与滴灌之间的一种灌溉技术，具有适应性强、操作方便、管理简单、节水节能等优点。小管出流属于局部灌溉技术，采用管网输配水，湿润渗水沟两侧作物根系活动层的部分土壤，灌溉水利用系数高，与传统地面灌溉相比，可节水20％以上。一般采用80～250L/h的大流量出流，较宽松的管道确保随灌溉水进入灌水器的细小颗粒可以顺利通过，又具有足够的水流速度使固体颗粒不发生沉积，解决了微灌系统灌水器易被堵塞的难题。

第二节　常见施肥设备及应用场景

肥料是实现作物高产优质的重要保障之一。将灌溉和施肥融为一体的水肥一体化技术，是把作物生长发育的两个基本要素"水分"和"养分"相结合，集灌溉和施肥于一体的技术系统，具有减少肥料用量、提高肥料利用效率、增加作物产量、改善产品品质等显著优点。施肥设备作为实现水肥一体化的关键，其性能直接影响技术的应用效果，种植户需根据地块条件、种植作物等选择适宜的施肥设备，目前常用的施肥设备主要包括重力式施肥装置、水动力施肥器和机械注入式施肥设备。

一、重力式施肥装置

重力式施肥装置中肥液注入方法比较简单，不需要额外的加压设备，而只依靠重力作用进入管道。如在位于日光温室大棚的进水一侧，在高出地面1m处修建容积为2m³左右的蓄水池，微灌用水可先贮存在蓄水池内，以利于提高水温，蓄水池与微灌的管道连通，在连接处安装过滤设备。施肥时，将化肥倒入蓄水池进行搅拌，待充分溶解后，即可进行微灌施肥。这种简易方法的缺点是水位变动幅度较大，滴水滴肥流量前后不均一。

二、水动力施肥器

（一）文丘里施肥器

文丘里施肥器（彩图2-8）并联安装在主管路，文丘里管结构中间部分断面较小，当水流经文丘里管的收缩面时，液体流速加快，产生负压，利用负压产生的吸力将肥液吸入灌溉系统完成精量灌溉施肥。利用文丘里管注肥的优点是装置简单，没有运动部件，不需要额外动力，成本低廉。肥液存放在开放容器中，通过软管与文丘里施肥器喉部连接，即可将肥液吸入微灌管道。缺点是在吸肥过程中压力水头损失较大，一般要损失 1/3 的进口压力；工作时对压力和流量的变化较为敏感，其运行工况的波动会造成水肥混合比的波动。因此，这种吸肥方式要求管道中的水压力较充足，经过文丘里管后，余压足以维持微灌系统正常运行及压力和流量能保持恒定。为防止停止供水后主管道中的水进入肥液罐，设有止回阀。文丘里施肥器配有计量阀，以便监测肥液流量。

（二）压差式施肥装置

压差式施肥装置（彩图 2-9）由肥液罐、连通主管道和肥液罐的进水管、排液管及主管道上两细管接点之间的恒定降压装置或节制阀组成。适度关闭节制阀使肥液罐进水点与排液点之间形成一定压差（1～2m 水头差），使恒定降压装置或节制阀前的一部分水流通过进水管进入肥液罐，水流经进水管道直达罐底，溶解肥液，将水肥混合液经排液管注入节制阀后的主管道。

压差式施肥装置的优点是结构比较简单，操作较方便，不需外加动力，投入较低，体积较小，移动方便，对系统流量和压力变化不敏感。缺点是施肥过程中肥液被逐渐稀释，浓度不能保持恒定。当灌溉周期短时，操作频繁且不能实现自动化控制。肥液罐装入肥液后属于密封压力罐，必须能承受微灌系统的工作压力。罐体涂料有防腐要求。

压差式施肥装置应按以下步骤操作：

（1）若使用液肥可直接倒入肥液罐，使肥液达到罐口边缘，扣紧罐盖。在罐上必须装配进气阀，当停止供水后打开以防肥液回流。若使用固体肥料，最好先单独溶解再通过过滤网倒入肥液罐。

（2）检查进水（上游）、排液（下游）管的调节阀是否都关闭，如使用节制阀，要检查节制阀是否打开，然后打开主管道的上游阀开始供水。

（3）打开进水、排液管的调节阀，然后缓慢关闭节制阀，注意观察压力表，直到达到所需的压差。

（三）比例施肥泵

比例施肥泵（彩图 2-10）是一种比较先进的水肥一体化施肥装备，串联或者并联安装在主管道上，利用经过施肥器的水流驱动活塞往复运动，按照一定的比例将肥液吸入主管道。与其他施肥设备相比，比例施肥泵的施肥精度高，且注入比例可在一定范围内进行调节。目前常用的比例施肥泵吸肥比例为 0.4%～4%，6 分管，流量范围为 50～2 500L/h。比例施肥泵的优点是不需要外源动力，压力损失小，可以实现精准注肥，施肥浓度稳定，操作简便。缺点是价格相对较高，水质较差会加速磨损，缩短其使用周期，而且需要根据作物长势调节吸肥比例，具有一定的技术门槛。

三、注入式施肥装置

(一) 简易注肥泵

简易注肥泵是指利用水泵、计量泵、隔膜泵等外源动力简易装置将肥料注入灌溉管路，不受田间流量和压力影响，不会造成压力损失，但需要依靠外部动力才能将肥料注入灌溉系统管网。

按驱动方式，简易注肥泵包括水力驱动和其他动力驱动两种形式。水力驱动注肥泵是利用灌溉水驱动泵将肥液注入灌溉管道，其优点是不需要外源动力，缺点是注肥泵压力和流量较小，不适于大规模地块。一般排水量与注入的肥液量之比为（2～4）∶1。一般隔膜式注肥泵都是肥液和农药共用的，隔膜应选用防腐材质，且每季用完后都要进行维护。与活塞式注肥泵相比，其优点是可以在运行过程中调节肥液和水的混合比例，缺点是当管道中的流量和压力变化剧烈时，很难维持恒定的注入流量。活塞式注肥泵依靠动力（电或内燃机）驱动，应耐腐蚀并便于移动，其最大优点是排液量不受管道中压力变化的影响，而其最大缺点是在运行过程中无法调节出流量，需要经过流量测试—关泵—调整活塞冲程—校核流量的反复调试才能获得需要的流量。

农户还可以选择便携式注肥泵（彩图 2-11），搭配蓄电池，充满电后再去田间进行注肥操作，方便移动，操作简单；也可以在有电源设备的棚室内固定安装施肥首部，结构简单，可实现施肥浓度的简单调节。根据灌溉流量，调节注肥泵施肥速度，实现均匀施肥。但是注肥泵的工作压力必须大于灌溉主管道的压力，才能实现注肥。

(二) 施肥机

1. 施肥机的分类

施肥机又称水肥一体机，是一种能将灌溉水和肥料以可控的浓度、可控的用量和可控的时间输送到灌溉管道的灌溉施肥设备。施肥机的样式、类型繁多，可以按照肥料通道数量、安装方式、是否能进行 EC 和 pH 反馈调节等进行分类。

（1）按照肥料通道数量分类，可以将施肥机分为单通道施肥机、双通道施肥机和多通道施肥机。为了保证施用肥料种类的多样性和灵活性，同时也兼具向田间输入其他药剂（如土壤消毒药剂）的功能，施肥机可以配备多个施肥通道和相应数量的肥料桶。这样就可以避免不同的肥料和药剂之间发生反应从而降低肥效或者药效。

（2）按照安装方式分类，可以将施肥机分为主路式施肥机和旁路式施肥机。主路式施肥机串联安装在主管道上，旁路式施肥机并联安装在主管道上。

2. 施肥机的结构及技术参数

（1）结构　施肥机主要由支架、机箱、屏幕、主水泵、管路系统、注肥系统、监测系统、控制系统组成。

支架：一般由铝合金型材制成，耐腐蚀性好、自重轻。

机箱：一般以铁板为主材，喷塑加工，避免腐蚀。

主水泵：一般采用不锈钢离心泵作为主水泵。

注肥系统：由吸入式或注入式施肥装置、流量计、各种控制阀门（电磁阀、备压阀、排气阀等）组成，其中施肥装置是关键组件，由中控系统控制注肥流量，从而实现肥料浓度（EC）和酸碱度（pH）的调节。

监测系统：主要由 pH 传感器、EC 传感器和电子流量计组成。pH 传感器用于测量水肥混合液的酸碱度，EC 传感器用于测量水肥混合液中的电导率，反映肥料的浓度值。电子流量计记录实时流量。

控制系统：由中控系统和其他电气部件组成。控制系统主要有以下功能：一是接收用户由液晶触摸屏幕输入的灌溉时间、注肥流量、EC、pH 等相关指令。二是汇总监测系统所记录的 pH、EC 和流量等相关数据。三是向电磁阀、注肥泵等部件发送相关指令。

（2）技术参数

主水泵出水量：根据机井的出水量、轮灌区的灌溉流量确定主水泵的出水量，一般在施肥机的供水部分要求配备水泵变频恒压供水系统，保证供水压力的稳定。

注肥通道流量：即每个施肥通道的注肥流量。这个流量在一定范围内可以调节。

控制电磁阀的数量：即最多可以同时控制的电磁阀数量。

EC 值检测范围：一般在 0～20mS/cm 范围内。

pH 检测范围：一般在 0～14 范围内。

控制方式：一般施肥机都同时支持自动控制和手动控制 2 种模式，方便在遇到故障时应急灌溉。

使用电源：单相 AC220V 或三相 AC380V。

其他扩展控制：包括变频、肥料搅拌等扩展控制，可根据实际需求配置。

3. 施肥机的技术特点

施肥机广泛适用于设施和大田作物生产，能够基于作物水肥需求规律、实时气象条件将水肥以精确的配比和浓度定量输送给作物，实现作物增产、提质，同时大幅度降低灌溉施肥用工。相对于其他灌溉施肥设备的主要优势如下：

（1）养分浓度控制精准　施肥机一般采用 EC、pH 反馈调节。与传统的压差式施肥罐和文丘里施肥器相比，施肥机通过调节注肥流量，配套工业级 EC 和 pH 传感器，实现对营养液浓度和酸碱度的精确控制，避免了传统吸肥方式由于间歇注肥而导致的管道中肥料浓度不均匀、EC 和 pH 波动大的问题。

（2）操作简便　通过配套物联网平台和手机 App，施肥机可以实现远程操作，灌溉施肥更加简便。

（3）无土栽培和土壤栽培通用　高端的施肥机支持无土栽培，一天多个时段设置不同灌溉计划，也支持土壤栽培每隔数天灌溉一次。通过扩展可以实现依据光辐射灌溉、时序灌溉等不同功能。通过扩展可控制多个独立的轮灌区，支持每个轮灌区设置独立的母液配比、EC 和 pH。

（4）坚固耐用　施肥机管件一般采用工业级塑料，耐高温，耐酸、碱、盐、氧化剂等的腐蚀，使用寿命更长。

4. 施肥机运行维护

施肥机应安装在阴凉通风处，避免日光直射和雨淋，切不可置于闷棚高温消毒的温室内。

施肥机屏幕要避免日光直射，可在屏幕上方悬挂遮阳网等遮光物。

保证肥料母液桶内肥料浓度适宜，常见化学肥料母液配制比例建议为 1：（10～20），即 1kg 肥料加入 10～20kg 水中。

pH 计探头的玻璃电极应浸泡在水中，避免干燥。

向肥料母液桶注肥、酸及其他化学品时，需根据肥料或者酸等化学品的供应商提供的操作说明使用防护装备（如防护手套、防护鞋、护目镜等），并严格按照操作规程执行。

化肥或农药的注入装置一定要放在过滤器之前，肥（药）液先经过过滤器再进入灌溉管道，使未溶解的化肥和其他杂质被清除掉，以免堵塞管道及灌水器。

在化肥（或农药）输液管出口处与水源之间一定要安装逆止阀，防止肥（药）液流进水源，严禁直接把化肥和农药加进水源而造成环境污染。

施肥过程中应满足先清水、再肥水、后清水的顺序要求，每次施肥（药）前后先用清水灌溉 20min 左右，确保残留在系统内的肥（药）液全部冲洗干净，防止设备被腐蚀。

注肥泵运行中应观察是否有异响、漏水、压力异常等，发现问题应立即关机排除。

施肥罐应定期进行清理，及时排除肥渣等沉淀物。

灌溉季结束后，对施肥装置各部件进行全面检修，更换损坏和被腐蚀的零部件，并对易腐蚀部件和部位进行防锈处理。

冬季做好防冻处理。如果冬季不使用施肥机，应将管道内的水清理干净，并将 EC 和 pH 计探头从接头处卸下，回收至室内不会结冰处，用纯净水浸泡在容器内，待来年再安装使用。

维修施肥机时，必须关闭施肥机进出口的阀门，并通过活接等逐步泄去施肥机内的压力后再进行检修。施肥机一般应由专业维修人员进行检修。

5. 施肥机田间应用

智能灌溉施肥机通过光照、土壤含水量、空气温湿度等传感器，获取作物生长环境信息，根据作物的水肥需求，利用内部嵌入的计算机程序，实现精准灌溉施肥，是未来自动化、智能化农业的发展方向，目前主要应用于规模化栽培，或者无土栽培等需要精准水肥供给的栽培模式中，可以实现园区多棚集中控制，节省用工。但是设备成本昂贵，普通农户接受程度较低，同时操作较为繁琐，对于使用人员有一定的技术门槛要求。

北京市农业技术推广站针对不同栽培规模，为了实现水肥精准调控，提高农作物产量、品质和水肥利用率，降低劳动力成本，集成研发了"光智能"水肥一体机（彩图 2-12）。首先，水肥调控更精准，水肥一体机包括 A 肥、B 肥、酸三个施肥通道，采用注肥泵实现营养液浓度精准调节，可以完成 64 个轮灌区水肥管理。其次，设备操作更简单，水肥一体机控制界面简洁，主要包括主界面、灌溉设置、施肥设置、历史记录、系统设置五个功能板块，可以实现根据光辐射、土壤水分、时序和手动控制灌溉，根据 EC、pH 和 AB 肥比例控制施肥。最后，多平台控制更便捷，水肥一体机实现了设备端、电脑端和手机端多平台实时查看运行状况，可以远程控制灌溉施肥等，更加智能化、省力化。在昌平区、大兴区和密云区草莓基地建立了 7 个示范点，与常规管理相比，草莓糖酸比提高了 8.5%，亩节省水肥用工 1 个，亩节本增收 1 000 余元。

■ 第三节　灌溉施肥相关配件

一、水泵及动力机

水泵（也称抽水泵）及动力机是将水从地下或其他水源地提取出来并增压输送到灌溉管路的机械装置。水泵的作用是为灌溉水提供足够的水头压力，当灌溉水源有足够的自然水头时（如以修建在高处的蓄水池作为水源）可以不安装水泵。动力机的作用是向水泵提供能源，通常以电动机为主，也可用柴油机等。有些抽水泵的结构是分体式的，水泵电机与泵体是能分开的，而有的水泵电机连接在一体。水泵性能的技术参数有流量、吸程、扬程、轴功率、水功率、效率等。

（一）水泵的选型

根据设计流量和设计扬程，利用水泵型谱表或水泵性能表选择水泵（流量

21

和扬程必须相符），然后根据配置的管路系统进行校核，如水泵不在高效区运行，则应更换。

（二）水泵的使用

在地理环境许可的条件下，水泵应尽量靠近水源，以缩短吸水管的长度。水泵安装处的地基应牢固，进水管路应密封可靠，管路必须设置支撑物且进水管装有底阀，应尽量使底阀轴线与水平面垂直安装，其轴线与水平面的夹角不得小于45°。动力机、水泵底座应水平，与地基的连接应牢固。动力机、水泵皮带传动时，皮带紧边在下，这样传动效率高，水泵叶轮转向应与箭头指示方向一致；采用联轴器传动时，机、泵必须同轴线。

（三）水泵的检查

泵轴转动应灵活，无撞击声；泵轴径无明显晃动，确保钙基润滑脂充足。主要检查进水管是否破损，对开裂处要及时检修；检查各紧固螺栓是否松动，并拧紧松动螺栓。潜水泵的电机绕组、电绝缘性应符合要求才能使用。

（四）水泵的运行

水泵运行中要注意随时查看真空表和压力表，监视和记录水泵的工作情况，检查有无异常响动，轴承处温度是否太高，填料是否过多或过少，还需检查水泵转速以及皮带松紧度是否正常。

（五）水泵的停机

潜水泵必须埋入水中工作，一旦露出水面应立刻断电停止运行，否则有烧毁的危险。高扬程水泵停机时，应禁止突然中断动力，否则容易损坏水泵或管路；对装有闸阀的输水系统，停机时应缓慢地关闭闸阀，然后停机；对以柴油机为动力的抽水机组，也应逐渐减油后停机。冬季停机时应将泵内的水清理干净，以防锈蚀或冻裂。长期停机时，应将各部件拆开、擦干、检查和修理，然后装配，储存在干燥处。

二、变频设备

微灌系统要求供水压力长时间稳定在某一水平下，而普通水泵运行过程无法根据管路的压力调节转速，这就需要配备变频设备。变频设备（彩图2-13）是实现自动变频调速恒压供水的关键配套设备，它通过改变电机工作电源的频率和幅度来平滑控制水泵的转速，从而实现稳定输水压力的目的。工作原理：由变频控制柜、压力传感器、水泵电机组成闭环控制系统；在变频控制柜设定好目标压力值，管道中的压力传感器检测压力值并传输到变频控制柜，如此值低于目标值，则变频器频率增加，控制水泵转速增加；管道内压力越来越大，当检测到管道内压力高于目标值后，变频器频率减小，带动水泵降低转速，管道内压力也降低；当压力与目标值接近时，变频器小幅变化对水泵转速进行微调，使管道中的压力一直稳定在目标值附近。变频设备的应用除了稳定管道内压力外，还具有方便管理、自动控制、节约用电、延长设备寿命等作用。

三、过滤设备

微灌系统中灌水器多以水滴的形式灌溉土壤，流道及出水孔径非常小，因此对灌溉水水质有较高的要求。无论是河流、湖泊或者农田机井的水，都会或多或少存在各种杂质，容易造成灌水器的堵塞。因此对灌溉水源进行严格的净化处理是必不可少的，是保证灌溉系统正常运行、延长灌水器使用寿命和保证灌水质量的关键措施。过滤系统能有效过滤水中大碎石、泥沙、未溶的肥料及其他有机无机杂质，是微灌施肥系统的必要组成部分。过滤设备的选择应严格根据实际水源中杂质种类、颗粒大小、含量及灌水器的流道尺寸来确定。

过滤器的主要种类有：砂石过滤器、离心式过滤器、叠片式过滤器、筛网式过滤器。

（一）砂石过滤器

砂石过滤器（彩图 2-14）是以石英砂等砂石材料作为过滤介质来净化水质，主要由进水口、出水口、过滤器壳体、过滤介质沙砾和排污孔等部分组成。砂石过滤器适用于悬浮物含量较多的水源，对水中的有机物、胶体、铁锰结合物等均有明显过滤效果，一般安装于机井首部。过滤罐通常做成圆柱状，罐直径为 0.35~1.2m，多数情况为多罐联合运行，以便用一组罐中过滤后的水来反冲其他罐中的杂质。

砂石过滤器的主要优点是对有机杂质及悬浮物过滤效果明显，过滤效率高，截污量大，应用广泛等。主要缺点是价格高，体积大，对操作维护人员要求相对较高。砂石过滤器前后端应安装压力表，当压差接近最大允许值时，应冲洗排污；冲洗时避免滤砂冲出罐外，必要时应及时补充滤砂。

（二）离心式过滤器

离心式过滤器又称水沙分离器，工作原理是通过重力及离心力来清除重于水的固体颗粒。它适用于含有较多沙子及碎石的水源，可以作为初级过滤装置，安装在机井首部。离心式过滤器主要由进水口、出水口、漩涡室、分离室、储污室和排污口等部分组成。水由进水管进入离心式过滤器内，通过旋转产生离心力，推动泥沙及密度较高的固体颗粒沿管壁流动并形成旋流，使沙子和石块进入集沙罐，净水则沿出水口流出，完成水、沙分离。

离心式过滤器的优点在于无易损配件，维护方便，可自动过滤及排沙；缺点是对轻质杂质无过滤效果，且在水泵启停时因水流不足会降低过滤效果，因此在农业灌溉系统中不宜单独使用。

(三) 叠片式过滤器

叠片式过滤器一般应用于含杂质较少的水源,既可安装在机井首部也可安装在田间小首部,位于机井首部的个体较大且为多组结构,位于田间小首部的个体小且为单组结构。在机井首部时要安装在离心式过滤器、砂石过滤器的后端,并配有反冲洗装置。叠片式过滤器由支撑壳体和过滤单元组成,过滤单元由一组带沟槽的环状增强塑料滤盘构成,这些滤盘在水压或弹簧的作用下形成特殊的细小腔室结构。过滤时,水从外侧进入,相邻滤盘间的腔室结构把水中固体物截留下来;反冲洗时,水自环状滤盘内部流向外侧,将截留在滤盘上的污物冲洗下来,经排污口排出。

叠片式过滤器具有拆装维护方便、过滤效果稳定可靠、经久耐用等优点,缺点是对胶体杂质过滤效果不好。

(四) 筛网式过滤器

筛网式过滤器是通过筛网的细小孔隙来过滤水中的各类杂质,主要结构是罐体、滤网。筛网材质可采用金属或塑料。清除杂质的效果取决于筛网的孔径大小。因其结构简单、体积较小,通常安装于田间首部,一般与离心式过滤器共同安装使用(彩图 2-15)。

筛网式过滤器的主要优点是:结构简单,维护清洗方便,成本低,对无机杂质过滤效果好。缺点是:压力大时过滤效果降低,容易发生堵塞,对细小的有机杂质过滤效果不好。实践中常有农民因筛网反复堵塞或损坏而直接将筛网取出,从而造成灌水器堵塞,最终影响灌水器的使用寿命。因此生产中应经常检查,发现堵塞或损坏要及时清理或更换过滤网。

四、水表

水表是测量灌溉用水流量的计量仪器,数值一般表示水的累计流量。通常采用两级安装,安装在机井首部主管路上监测水泵抽水的总量,安装在田间首部支管上监测灌溉单元(单个棚室或地块)的用水量。安装水表时应注意水流方向,确保表面水平,避免暴晒、水淹、冰冻等。水表包括普通水表(彩图 2-16)和远传水表(彩图 2-17)等不同类型,普通水表可以直接在表盘读取每次的灌溉量,结构简单,价格较为便宜;远传水表通过物联网技术,可以实现水表读数上传云端,通过电脑和手机即可实现远程读取水表数值。

五、阀门

阀门是灌溉系统中,安装在各级输水管路上用来控制水(或空气)的方向、压力、流量的装置。阀门种类较多,且有不同的分类方法。按照用途分类有截断阀、调节阀、止回阀、安全阀等;按照结构分为球阀、蝶阀、闸阀等。

在水肥一体化灌溉系统中安装的阀门（按功能及结构细化）主要有：蝶阀、空气阀、安全阀、减压阀、止回阀、真空破坏阀、电磁阀、球阀、排水阀等。

（1）蝶阀　是指圆形碟板随阀杆转动，以实现启闭动作的阀门。主要用在灌溉系统的主管路上，用于开闭主管路或调节水流量。

（2）空气阀　空气阀是保护灌溉系统管路的重要部件，可避免因启停水泵造成的管路压力瞬间增大或减小。它通常安装在管道瞬变流动过程中有可能产生液柱分离的高点位置，当管道内压力低于大气压时吸入空气，而当管道中压力上升高于大气压时排出空气。在排气过程中，水充满管道时阀门能够自动关闭，防止水的泄漏。

（3）安全阀　是灌溉设备和管道的自动保护装置，安装在水泵后端、过滤设备的前端。当过滤设备堵塞，前端管道压力超过规定值时，安全阀自动开启，将水沿回路重新导入机井中，以保证主管道安全。

（4）减压阀　作用是将管路中水的压力降低到正常压力，它依靠敏感元件改变阀瓣位置，增加（或减少）管道局部阻力，从而使管路中水压保持稳定。通常安装在过滤设备后端。

（5）止回阀　能自动阻止水倒流的阀门，也称为逆止阀。安装在水泵后端、施肥设备的前端，能防止混有肥料的水倒流入机井污染水源。

（6）电磁阀　电磁阀有无线型和有线型，在水肥一体化灌溉系统中，安装在灌溉施肥首部，通过传感器和电路，自动或远程控制阀体的启闭，实现灌溉单元的自动灌溉。电磁阀要选择耐暴晒、使用寿命长，故障率低，具有手动开启和自动开启2种模式的品牌。

（7）球阀　是用带圆形通孔的球体作为启闭件，球体随阀杆转动，以实现启闭动作的阀门。灌溉施肥系统中一般安装在支管路上。

（8）排水阀　在地埋管道的最低处或地上管道下凹处安装排水阀，以便冬季不用时放空管道余水，防止冻胀破坏。排水阀多为开闭方便的球阀。地下排水阀要设排水井。

（9）旁通阀　在微灌系统中，毛管通过旁通连接到支管上，在旁通上增加阀体，称为旁通阀，它是灌溉施肥系统中最末一级阀门，控制某一条毛管的打开或关闭。

六、压力表

在灌溉施肥系统中安装压力表，用于指示不同水流阶段的压力，然后根据压力损失情况确定管路中是否存在堵塞或漏点。压力表的安装位置不同，指示的作用也不同。过滤器的前端压力值表示水泵的工作压力情况，过滤器前后端的压力差应在0～0.1MPa之间，超过此值应对过滤器进行清理。

七、输水管网

灌溉水从水源提取后要通过各级输水管网到达灌水器。输水管网由干管、支管、毛管组成。干管是水泵至田间小首部之间的输水干道，材质有镀锌铁、聚氯乙烯（PVC）、高密度聚乙烯（HDPE）等。PVC管是聚氯乙烯树脂与稳定剂、润滑剂配合后经制管机挤出成型，生产中较为常用。它属于硬质管道，具有良好的抗冲击和承压能力，刚性较好，成本低，施工方便。但耐高温性能较差，温度在50℃以上即会发生软化变形，对光线敏感，容易发生老化，通常埋于地下。支管是主管至毛管之间的输水管路，一般采用聚乙烯（PE）管材或PVC管材。PE管韧性好，抗紫外线，不易老化，管体较软，通常安装于田间小首部至毛管间。支管的管径应根据区域流量分配设置，避免水量不足。毛管主要包括滴灌管、滴灌带、微喷带等细小管路，是灌溉施肥系统中最末一级输水管路，也是灌水器的载体。毛管通常为PE材质，具有成本低、韧性好，易于集中运输和田间铺设等优点。

灌水器是将灌溉施肥系统中末级管道（毛管）中的水均匀、稳定地浇灌到植物根区附近土壤中的构件。灌水器的优劣直接影响微灌系统的使用寿命和灌水质量。按结构和出水状态可将灌水器分为滴头、滴箭、微喷头、小管灌水器（涌水器）和渗灌管等。

八、农业气象监控站

高效设施农业系统中通常会设立农业气象监控站，是一种能够全天候自动监测空气温湿度、大气压力、风速、风向、降水量、土壤墒情、蒸发量等气象因子的设备。主要由传感器、采集器、系统电源、通信接口及外围终端等组成（彩图2-18、彩图2-19）。各传感器获得的数据传输到采集器，经过通信接口传输到控制中心、PC终端或管理者PC，实现操作人员远程监控和操作；或是设定一定的阈值，在控制中心由电脑自动启动灌溉、放风、开闭遮阳帘等农事操作。

■ 第四节　草莓和西瓜、甜瓜灌溉施肥系统田间应用

一、草莓灌溉施肥系统田间应用

北京地区草莓生产以日光温室促成栽培为主，经过约30年的不断发展，已经形成了微喷和滴灌相配合的节水灌溉施肥模式，节水技术覆盖率达到90%以上。以昌平区兴寿镇东营村草莓园为例，将草莓灌溉施肥系统田间应用

情况进行详细介绍。

（一）基本情况

草莓种植棚宽 8m、长 50m，土壤类型为黏土，南北向高畦种植，通常畦高 30cm，畦面上宽 60cm，下宽 80cm，垄距 80cm。草莓品种为红颜，定植密度为 105 000 株/hm²，底肥施用鸡粪 105m³/hm²。2021 年 9 月 5 日定植，10 月 8 日扣棚，10 月 31 日铺地膜，12 月 10 日果实始熟，2022 年 5 月 25 日结束。

（二）灌溉施肥系统

1. 灌溉系统

草莓栽培灌溉施肥系统包括两部分：一是在定植初期应用吊挂微喷系统，主要在草莓定植初期增加空气湿度、降低栽培环境温度，为草莓缓苗和扎根创造良好的栽培环境；二是在全生育期应用滴灌系统，为草莓全生育期栽培创造适宜的水肥条件，实现保产、稳产、增产。

（1）吊挂微喷系统　吊挂微喷（彩图 2-20）由喷头、防滴器、重锤、毛管和接头组成，选用旋转式微喷头，出水量 50L/h，喷洒半径 4.0m。9 月 5 日至 11 月 15 日，采用吊挂微喷进行灌溉，其中定植前一周，每天喷洒一次，每次约 10min，以保持空气湿度，让草莓畦面湿润；定植后 2～3 周，逐渐降低喷洒频率，2～4d 喷一次，直至草莓苗扎根，11 月 15 日停止微喷。

（2）滴灌系统　棚内滴灌系统（彩图 2-21）主要包括支管和毛管。支管采用抗老化聚乙烯管，管径 90mm，铺设在温室北侧靠近后墙的一端，便于在主管道上安装阀门及灌溉管理。毛管为滴灌带，草莓采用每畦双行种植，每行铺设 1 条滴灌带。采用内镶贴片式滴灌带，滴头间距 15cm，滴头流量为 2L/h，滴头朝上铺设。5～7d 滴灌 1 次，每次 80～100min。

2. 施肥系统

采用以注肥泵为核心的施肥系统，该系统主要包括注肥泵、施肥桶和控制器等（彩图 2-22）。注肥泵流量为 3m³/h，扬程 26m，功率 0.55kW，电源 220V/50Hz；施肥桶容积为 1m³，黑色敞口；控制器主要用于控制注肥泵的启停，具有简单的自动定时功能。施肥时，需将肥料放入施肥桶内，充分搅拌溶解。每次加肥时须控制好肥液浓度，肥料用量不宜过大，防止浪费和系统堵塞。灌溉施肥采用"浇水＋施肥＋冲洗"三段式操作，先浇水，再施肥，每次施肥结束后再灌溉 5～10min，以冲洗管道。

（三）灌溉施肥管理

草莓整个生育期累计灌溉 41 次，灌溉量 3 120m³/hm²，平均单次灌溉量 96m³/hm²，单株累计灌溉量 29.7L。其中，微喷累计用水 900m³/hm²，平均单次灌水量 43.5m³/hm²；滴灌累计用水 2 220m³/hm²，平均单次灌水量

$111m^3/hm^2$（表 2-1）。

表 2-1　草莓灌溉管理方案

月份	当月灌溉次数（次）	当月灌溉量（m^3/hm^2）	灌溉方式	单次灌溉量（m^3/hm^2）	单株灌溉量（L）
9 月	14	360	微喷	25.5	3.4
10 月	5	345	微喷	69	3.3
11 月	2	195	微喷	97.5	1.9
11 月	1	120	滴灌	120	1.1
12 月	4	450	滴灌	112.5	4.3
1 月	3	330	滴灌	109.5	3.1
2 月	4	420	滴灌	105	4.0
3 月	6	660	滴灌	109.5	6.3
4 月	2	240	滴灌	120	2.3
合计	41	3 120	—	96	29.7

主要施用固体水溶肥，肥料养分含量为 13-9-37（$N-P_2O_5-K_2O$）＋微量元素肥，以滴灌水肥一体化形式施入，全生育期累计施肥 15 次，主要集中在结果期。全生育期共施用纯养分 $624kg/hm^2$，其中氮（N）$154.5kg/hm^2$、磷（P_2O_5）$94.5kg/hm^2$、钾（K_2O）$375kg/hm^2$（表 2-2）。

表 2-2　草莓施肥管理方案

月份	施肥次数	养分含量（kg/hm^2）		
		N	P_2O_5	K_2O
11 月	1	12	12	12
12 月	3	24	18	64.5
1 月	3	52.5	24	135
2 月	2	16.5	12	46.5
3 月	4	33	16.5	69
4 月	2	16.5	12	46.5
合计	15	154.5	94.5	375

草莓整个生育期产量 $51\ 525kg/hm^2$，销售渠道包括采摘、线上订单和小贩收购等，草莓始收初期价格较高，后期单价逐渐降低，平均单价为 31.92 元，产值达到 165 万元$/hm^2$，投入成本包括肥料、种苗、人工、棚室折旧等费用，累计成本 59.08 万元$/hm^2$，纯收入为 105.45 万元$/hm^2$，水分利用效率为 $16.51kg/m^3$，养分利用效率为 $82.57kg/kg$（表 2-3）。

表 2 - 3　草莓经济效益分析

产量 （kg/hm²）	平均单价 （元）	产值 （万元 /hm²）	成本 （万元 /hm²）	纯收入 （万元 /hm²）	水分利 用效率 （kg/m³）	养分利 用效率 （kg/kg）
51 525	31.92	164.5	59.08	105.45	16.51	82.57

二、西瓜、甜瓜灌溉施肥系统田间应用

西瓜、甜瓜属于需水量较大的作物，灌溉施肥系统对于其正常生长具有重要意义。西瓜、甜瓜可以采用滴灌、微喷等节水灌溉方式，按照作物需水要求，通过低压管道系统与安装在末级管道上的灌水器，将水以较小的流量均匀、准确地直接输送到作物根部附近的土壤表面或土层中，同时利用施肥设备，将灌溉施肥相结合，实现水肥一体化。以立春农业基地小西瓜为例，详细介绍微喷水肥一体化技术的田间应用。

（一）基本情况

日光温室长 60m，宽 7m。定植前测定的耕层 0～20cm 土壤养分状况：碱解氮含量 115.6mg/kg、速效钾含量 108.5mg/kg、有效磷含量 148.6mg/kg、有机质含量 18.6g/kg，土壤 pH 为 8.15。西瓜品种为 L-600，生育期 110d，果实绿底带墨绿色花纹，瓜瓤红色。砧木品种为京欣砧 2 号。2019 年 12 月 21 日播种，2020 年 1 月 6 日嫁接，1 月 10 日整地，底肥深施鸡粪 60 000kg/hm²、复合肥（18-9-18）690kg/hm²，1 月 28 日定植，种植密度为 39 000 株/hm²，双行种植，株距 0.3m、行距 1.5m。植株采用双蔓整枝，3 月 28 日授粉，留瓜部位为第 2 或第 3 雌花，5 月 5 日采收。

（二）灌溉施肥系统

1. 灌溉系统

采用主管道（Φ90mm）、支管道（Φ75mm）、微喷带的三级管网，主管道采用 PVC 管材和管体。主管道横贯于中间位置，微喷带纵贯大棚铺设于种植行。主管道与微喷带之间通过旁通阀连接，微喷带为孔距 10cm、折径 4.5cm、斜 5 孔，一垄铺设 2 条，管道压力不低于 0.15MPa。覆白色地膜，微喷带铺在作物根系附近地表的塑料薄膜下，灌溉水经微喷带喷洒后，通过塑料薄膜遮挡，如降雨般淋至地面（彩图 2-23）。

2. 施肥系统

采用压差施肥罐（彩图 2-24），施肥罐与主管道的调压阀并联。施肥罐的进水管放置于罐底，施肥前先灌水 20～30min，施肥时拧紧罐盖，打开罐的进水阀，注满水后再打开出水阀，调节压差以保持施肥速度正常。施肥前先将肥料充分溶解于水，用纱（网）过滤后将肥液倒入压差式施肥罐。加肥时间一

般控制在 40~60min，防止施肥不均或不足，每次施肥结束后再灌溉 20~30min，以冲洗管道。

（三）灌溉施肥管理

西瓜全生育期共灌溉 5 次，累计灌溉量为 1 350m³/hm²，单株累计灌溉量为 34.2L。其中，苗期在 3 月 20 日灌溉 1 次，灌溉量为 150m³/hm²；结果期共灌溉 4 次，每次 300m³/hm²（表 2-4）。结果期采用水肥一体化形式，利用压差施肥罐施肥。选用圣诞树冲施肥（16∶8∶34），全生育期用量为 900kg/hm²，每次施用 225kg/hm²。西瓜产量为 51 150kg/hm²，单瓜重 1.30kg，中心可溶性固形物含量为 13.2%，边部可溶性固形物含量为 9.4%。

表 2-4　西瓜灌溉管理方案

日期	灌溉次数 （次）	灌溉量 （m³/hm²）	施肥量 （kg/hm²）	灌溉方式	单株灌溉量 （L）
3 月 20 日	1	150	0	微喷灌溉	3.8
4 月 7 日	1	300	225	微喷灌溉	7.6
4 月 14 日	1	300	225	微喷灌溉	7.6
4 月 21 日	1	300	225	微喷灌溉	7.6
4 月 28 日	1	300	225	微喷灌溉	7.6
合计	5	1 350	900	—	34.2

第三章
肥料种类与特性

第一节 植物营养元素的分类及作用

一、植物生长所需营养元素

根据植物自身的生长发育特征来决定某种元素是否为其所需，人们将植物体内的营养元素分为必需元素和非必需元素。按照国际植物营养学会的规定，植物必需元素在生理上应具备 3 个特征：对植物生长或生理代谢有直接作用；缺乏时植物不能正常生长发育；其生理功能不可用其他元素代替。据此，植物必需元素有 17 种：碳（C）、氢（H）、氧（O）、氮（N）、磷（P）、钾（K）、钙（Ca）、镁（Mg）、硫（S）、铁（Fe）、锰（Mn）、锌（Zn）、铜（Cu）、钼（Mo）、硼（B）、氯（Cl）和镍（Ni），另外 4 种元素钠（Na）、钴（Co）、钒（V）、硅（Si）不是所有作物必需的，但对某些作物而言是必需的，缺乏它们不能正常生长，又称为有益元素。以上 17 种必需元素被划分为非矿质和矿质营养元素两大类。

（一）非矿质营养元素

包括碳（C）、氢（H）、氧（O）。这些养分来自大气 CO_2 和水中，作物通过光合作用可将 CO_2 和水转化为简单的碳水化合物，进一步生成淀粉、纤维素或生成氨基酸、蛋白质、原生质，还可生成作物生长所必需的其他物质。

（二）矿质营养元素

包括来自土壤的 14 种营养元素，人们可以通过施肥来调节控制它们的供应量。根据植物需要量的大小，必需营养元素分为：大量元素，包括氮（N）、磷（P）、钾（K）；中量元素，包括钙（Ca）、镁（Mg）、硫（S）；微量元素，包括铁（Fe）、锰（Mn）、锌（Zn）、铜（Cu）、钼（Mo）、硼（B）、氯（Cl）和镍（Ni）。它们在作物体内同等重要，缺一不可。无论哪种元素缺乏，都会对作物生长造成危害。同样，某种元素过量也会对作物生长造成危害。各矿质营养元素对作物生长的影响如下。

1. 氮

氮素是植物必需的三大矿质营养元素之一，是植物体内蛋白质、核酸、酶、叶绿素等以及许多内源激素或其前体物质的组成部分，因此氮素对作物的生长发育和生理代谢有重要作用。氮素是影响作物生物产量的首要养分因素，也是叶绿素的主要组成成分之一，因可延长作物光合作用持续期、延缓叶片衰老、有利于作物抗倒伏，最终会增加作物干物质的积累。根系是作物吸收水分和养分的主要器官，也是合成氨基酸和多种植物激素的重要场所。氮的合理施用可有效增加作物的根长、根表面积、根体积及地下生物量，促进根系的生长发育，增强根系对养分的吸收能力，从而促进作物地上部的生长发育；但是过量施氮会导致作物的总根长变短和根系生物量的下降，抑制根系生长。在一定范围内，施氮会明显增加作物的单位面积有效穗数、穗粒数、穗长、穗粗、千粒重和产量，但施氮量过高，作物的结实率和千粒重就会下降，产量和氮肥利用率也会下降。

在实际生产中，经常会遇到作物氮营养不足或过量的情况。氮营养不足的一般表现：植株矮小，细弱；叶呈黄绿、黄橙等非正常绿色，基部叶片逐渐干燥枯萎；根系分枝少；禾谷类作物的分蘖显著减少，甚至不分蘖，幼穗分化差，分枝少，穗小，作物显著早衰并早熟，产量降低。氮营养过量的一般表现：生长过于繁茂，腋芽不断出现，分蘖往往过多，妨碍生殖器官的正常生长发育，推迟成熟，叶呈墨绿色，茎叶柔嫩多汁，体内可溶性非蛋白态氮含量过高，易发生病虫害，容易倒伏。

土壤能够为作物提供氮源的主要氮素形态分为铵态氮、硝态氮、酰胺态氮，这几种氮源均为速效氮，酰胺态氮在土壤中经过微生物作用转化为铵态氮或硝态氮后为作物生长提供氮营养。按照 NY/T 1105—2006《肥料合理使用准则　氮肥》中的分类，氮肥分为：铵态氮肥、硝态氮肥、硝铵态氮肥、酰胺态氮肥。

2. 磷

磷是植物必需的营养元素之一，是影响植物生长发育和生命活动的主要元素。磷是植物体内细胞原生质的组成元素，对细胞分裂和增殖起重要作用；植物生命过程中养分和能量的转化、传递均与磷素有密切的关系，如蒸腾、光合、呼吸三大生理作用以及糖、淀粉的利用和能量的传递等过程。植物体内几乎许多重要的有机化合物都含有磷；磷是植物体内核酸、蛋白质和酶等多种重要化合物的组成元素；磷能促进根系的形成和生长，提高植物适应外界环境的能力；磷有助于增强一些植物的抗病性、抗旱和抗寒能力；磷有促熟作用，对作物收获和品质有重要意义，但是用磷过量会使植物晚熟、结实率下降。

磷肥是我国农业生产中必需的生产资料。苗期磷素营养充足，次生根条数增加。磷对根系生长的影响，不是表现在根重的变化上，而是表现在单位根重有效面积的差异上。在低磷条件下，根的半径减小，单位根重的比表面积增加，从而提高根系对磷的吸收。正常的磷素营养有利于核酸与核蛋白的形成，加速细胞的分裂与增殖，促进营养体的生长。磷素营养水平将影响植物体内激素的含量，且缺磷影响根系中植物激素向地上部输送，从而抑制花芽的形成。

3. 钾

钾是植物必需的主要营养元素之一，同时也是土壤中常因供应不足而影响作物产量的三要素之一。钾能促进酶活化，促进光能利用，进而增强光合作用；能改善作物的能量代谢，促进碳水化合物的合成与光合产物的运输，进而促进糖代谢，同时能够促进氮素吸收利用和蛋白质合成，对调节作物生长、提高作物抗逆性、改善作物品质具有重要作用。

钾与氮、磷不同，它不是植物体内有机化合物的组成成分，迄今为止，尚未在植物体内发现含钾的有机化合物。钾在植物体内多以离子态存在，而且流动性强，非常活跃，常常随着植物的生长，向生命活动最旺盛的部位移动。

4. 钙

钙是植物生长发育的必需营养元素，在植物的生长发育及新陈代谢中的作用是其他营养元素不可代替的。同时，钙还是植物细胞内连接细胞外信号刺激与胞内代谢反应的胞内第二信使，调节许多细胞活动。此外，钙在稳定细胞壁、维持细胞膜通透性及膜蛋白的稳定性方面发挥着重要作用。①植物体内的钙含量因生活环境、植物种类及植物器官而异，正常条件下钙占植株干重的0.1%～5.0%，单子叶植物正常生长的需钙量低于双子叶植物。②细胞壁是钙最大的贮藏库，钙对维持植物细胞的结构稳定性起重要作用。钙在质外体中含量最多，其作用主要有两方面：一方面与果胶形成果胶钙，增加细胞壁的稳定性；另一方面可协助发挥果胶的机械性能。③钙作为细胞膜的保护离子，对膜功能的维持被认为是钙在细胞外作用到细胞质膜外表面的结果。钙通过桥接膜上磷酸盐与磷脂及蛋白质的羟基来稳定细胞膜。④钙促进细胞伸长和细胞内物质的分泌，参与植物细胞伸长和分泌过程。在没有外源钙供应时，根系在数小时内就会停止伸长，主要原因是缺钙会抑制细胞伸长。⑤植物受到胁迫后，胁迫信号会激活各个部位膜上的钙通道，增加细胞质中游离钙离子的浓度；胁迫消失后，细胞质内的游离钙离子会恢复到正常水平。当植物受到盐、干旱、低温、高温、缺氧及氧化胁迫时，外源钙可以提高植物超氧化物歧化酶（SOD）、过氧化物酶（POD）、过氧化氢酶（CAT）的活性，提高植物对逆境的适应性。⑥钙对种子萌发的作用不仅是作为营养物质，而且还能在生理学上防止膜损伤和渗漏，稳定膜结构和维持膜的完整性，提高种子活力，促进胚芽、胚根的伸长。

我国南方大部分地区土壤淋洗严重，土壤交换性钙含量低，需要施用钙肥。但在广西、云南等石灰岩或含钙红土上发育的土壤碳酸钙高达 3%～11%，交换性钙含量很高，不需要施用钙肥。我国北方地区多为石灰性土壤，碳酸钙含量高达 10% 以上，大田作物土壤缺钙现象很少见，但随着土壤酸化等，北方设施蔬菜、西瓜、甜瓜、草莓等也出现了缺钙问题。在我国西北、东北和华北内陆地区还分布着大面积的盐碱土，土壤交换性钠含量很高、交换性钙含量较低，这些土壤需要施用钙肥。

5. 镁

镁是叶绿素的组成成分，缺镁时作物合成叶绿素受阻；镁是糖代谢过程中许多酶的活化剂；镁促进磷酸盐在植物体内运转；镁参与脂肪代谢，促进维生素 A 和维生素 C 的合成。有研究表明，缺镁植物叶片易发生或加剧光抑制现象。镁存在于植物体内叶绿素分子中心，占叶绿素相对分子质量的 2.7%，对维持叶绿体结构举足轻重；植物一旦缺镁，叶绿体结构受到破坏，基粒数下降、被膜损伤、类囊体数目降低。镁可以提高硝酸还原酶的活性水平，能稳定蛋白质合成所必需的核糖体构型，缺镁导致核蛋白体解离成小的核蛋白体亚单位；镁参与脂肪、类脂、蛋白质和核酸的合成。

土壤中大量存在的钙、镁、铁和铝等离子与磷酸盐易生成难溶化合物，导致磷的移动性大大降低，且磷酸根很难再释放。若滴灌水的硬度较大，钙、镁杂质含量较高，在一定酸度条件下也会产生钙镁沉淀。当水源中同时含有碳酸根和钙、镁离子时，可使滴灌水的 pH 增加，进而引起碳酸钙、碳酸镁沉淀而堵塞滴头。

6. 硫

硫是植物生长发育过程中重要的营养元素之一，是许多生理活性物质的组成成分，参与植物细胞质膜结构的表达、蛋白质代谢和酶活性调节等重要生理生化过程，调节植物对主要营养元素的吸收，以多种方式直接或间接地影响植物的抗病性。

①土壤中施用硫会导致 pH 降低，pH 降低能够促进土壤中硫的转化、运输与吸收，并提高土壤微量元素的有效性，有利于植物吸收各种营养元素。②硫脂是高等植物体内同叶绿体相连的组分，是叶绿体内一个固定的边界膜，与叶绿素结合和叶绿体形成相关，参与光合作用。③二硫键对酶蛋白的构象贡献很大，这种构象对于酶活力是必需的。一些二硫键对于生物活性的维持是必要的。④硫是组成半胱氨酸、胱氨酸和蛋氨酸等含硫氨基酸的重要组成成分，其含硫量可达 21%～27%。⑤硫素对膜脂类合成的贡献主要有两个途径：其一，它本身就是硫脂的组分；其二，它可帮助脂类的合成。⑥植物体内的一些含硫化合物（如谷胱甘肽）可通过一些生化反应途径淬灭逆境产生的游离基团，从

而提高植物体的抗逆性；硫还与植物的抗盐性有关，硫脂可能参与离子跨膜运输的调控，植物根系中硫脂的含量与植物的抗盐性呈正相关。

生产上常用的硫肥种类主要有硫黄（即元素硫）、石膏、硫酸铵、硫酸钾、过磷酸钙以及多硫化铵和硫黄包膜尿素等。

7. 铁

铁元素在许多植物器官中发挥着十分重要的作用。铁虽然不是叶绿素的组成部分，但在叶绿素前体合成过程中不可缺少；植物体内许多含铁化合物都参与光合作用，如细胞色素氧化酶复合体、铁氧化蛋白、血红蛋白、豆血红蛋白等，植物缺铁时这些物质的含量及含铁酶活性均显著降低，无疑会影响光合作用；一些与呼吸作用有关的酶中均含铁，如细胞色素氧化酶、过氧化物酶、过氧化氢酶等，铁常处于这些酶结构中的活性部位，植物缺铁时这些酶活性会受到影响，并进一步使植物体内一系列氧化还原作用减弱；固乳酶由铁钼蛋白和铁蛋白组成，这两种蛋白单独存在时都不呈现固氮酶活性，只有两者聚合构成复合体时才有催化氮还原的功能。

国内常用的铁肥品种及主要有以硫酸亚铁为主的无机铁肥、一些有机物与铁复合形成的铁肥（木质素磺酸铁、腐植酸铁）如下。

（1）无机铁肥　无机铁肥包括可溶解的铁盐（如七水硫酸亚铁）和不可溶解的铁化合物及一些铁矿石和含铁的工业副产品，这些铁肥价格相对低。

（2）螯合铁肥　螯合铁肥一般由对铁有高度亲和力的有机酸与无机铁盐中Fe^{2+}螯合而成，常见螯合剂如乙二胺四乙酸（EDTA）、二乙三胺五乙酸（DTPA）、羟乙基乙二胺三乙酸（HEEDTA）、乙二胺二邻羟苯基乙酸（EDDHA）、乙二胺二乙酸（EDDHMA）、乙酸（EDDHSA）等。螯合铁肥适用不同 pH 类型土壤，肥效较高，可混性强，但价格较贵，常在经济价值较高的作物上施用。EDTA、DTPA 和 EDDHA 是目前生产上应用较广泛的螯合铁肥，其适用 pH 范围分别是＜7、＜8 和 4.5～9，不同酸碱度土壤应参考选用。

（3）有机复合铁肥　有机复合铁肥是指一些天然有机物与铁复合形成的铁肥，如木质素磺酸铁、葡糖酸铁、腐植酸铁等。在土壤中，有机复合铁肥不如螯合铁肥稳定，它们容易发生金属离子和配位体的交换反应，并且在土壤中易被吸附，肥效低，因此常被用作无土栽培和叶面喷施的肥料。

（4）缓释铁肥　缓释铁肥不溶于水，由直链磷酸盐部分聚合而成。作为阳离子交换的骨架，这些磷酸盐可以被柠檬酸、DTPA 等对铁有高亲和力的有机物所溶解。

8. 锰

锰在植物体内有多种生理作用，是许多酶的催化剂，能提高氮的利用率，促进蛋白质的合成，并参与叶绿体的合成，是维持植物正常生长所必需的微量营养元素之一。植物吸收的锰主要是二价锰（Mn^{2+}），不具有生物有效性的三价及四价锰则不能被植物吸收。Mn^{2+} 能立即被根细胞吸收，经共质体途径运输到中柱，随后进入木质部并运输到地上部。木质部是 Mn^{2+} 向地上部运输的主要途径，但是 Mn^{2+} 在木质部中的运输形式受植物种类影响。

充足的锰营养有利于提高作物的光合能力，促进作物生长发育；锰是硝酸还原酶的活化剂，在植物氮素同化过程中发挥着重要作用，且其通过自身的化合价改变，对植物体内许多氧化还原过程，包括植物的呼吸作用等具有重要的调节作用；锰还是 RNA 聚合酶和二肽酶的活化剂，与氮的同化关系密切，缺锰会抑制蛋白质的合成，造成硝酸盐积累。锰对豆类生长的影响较大，能促进氮素代谢，提高产量。

生产中常用的锰肥有：①硫酸锰，分子式 $MnSO_4 \cdot H_2O$，锰含量为 26%～28%，产品特征：粉红色晶体，易溶于水，易发生潮解。②氯化锰，分子式 $MnCl_2 \cdot 4H_2O$，锰含量为 27%，产品特征：粉红色晶体，易溶于水，易发生潮解。③EDTA 螯合锰，分子式 $C_{10}H_{12}N_2O_8MnNa_2 \cdot 3H_2O$，锰含量为 13%，产品特征：粉红色晶体，易溶于水，中性或偏酸性。

生产中常将锰肥施入土壤、作种肥或叶面喷施，几种方法各有利弊。施入土壤方便省时，但有效性常常会因土壤吸附、固定或其他因素而降低；种肥用肥量少，收效大，成本低，常比直接施入土壤好；叶面喷施可避免锰在土壤中被固定，有效性提高，但需多次喷施，比较费工费时。

9. 锌

锌是许多植物体内酶的组分或活化剂，能促进蛋白质的代谢、生殖器官的发育，同时还参与生长素的代谢、光合作用中二氧化碳的水合作用，能提高植物的抗逆性等。缺锌时，植株的光合速率、叶片中叶绿素含量以及硝酸还原酶活性下降，蛋白质的合成受阻；缺锌降低了叶片中碳酸酐酶的活性，进而降低了叶片的光合速率；叶绿体内自由基和蔗糖的累积，造成了叶绿体结构破坏、功能紊乱、叶片角质加厚、气孔开度降低、二氧化碳化合能力下降。锌与蛋白质代谢有密切关系，是合成蛋白质必需的 RNA 聚合酶及影响氮代谢的蛋白酶和合成谷氨酸的谷氨酸脱氢酶的组成成分。缺锌通过影响 RNA 的代谢进而影响蛋白质的合成，造成植物体内游离氨基酸的累积。当缺锌的状况尚未损害植物的正常生长或尚未出现任何可见症状时，植物体内的生长素已经开始减少。在补充适量的锌后，生长素的浓度也会增加。

自然界中主要的含锌矿物为闪锌矿（硫化锌），其次为红锌矿（氧化锌）、菱锌矿（碳酸锌）。含锌矿物分解产物的溶解度大，并以二价阳离子或络合离子等形式存在于土壤中，进而被植物吸收利用。但是，由于受到土壤酸碱度、吸附固定、有机质和元素之间相互关系等因素的影响，锌的溶解度会很快降低。

目前主要的锌肥类型包括：①七水硫酸锌，分子式 $ZnSO_4 \cdot 7H_2O$，锌含量为 23%～24%，产品特征：白色或浅橘红色晶体，易溶于水，在干燥环境下失去结晶水而变成白色粉末。②硫酸锌，分子式 $ZnSO_4 \cdot H_2O$，锌含量为 35%～50%，产品特征：白色流动性粉末，易溶于水，空气中易潮解。③硝酸锌，分子式 $Zn(NO_3)_2 \cdot 6H_2O$，锌含量为 22%，产品特征：无色四方结晶，易溶于水，水溶液呈酸性。④氯化锌，分子式 $ZnCl_2$，锌含量为 40%～48%，产品特征：白色晶体，易溶于水，潮解性强，水溶液呈酸性。⑤EDTA 螯合锌，分子式 $C_{10}H_{12}N_2O_8ZnNa_2 \cdot 3H_2O$，锌含量为 12%～14%，产品特征：白色晶体，极易溶于水，中性或偏酸性。

增施磷肥能提高多种植物体内锌的含量，但当供磷水平超出植物需要时，植株体内锌的含量将下降。土壤有机质对土壤锌的影响有正反两方面：有机质含量的增加能够提高锌的有效性，矫正作物缺锌；但是在某些情况下，锌因与有机质配合而被固定，使土壤锌的有效性降低。酸性土壤中锌的有效性高，随着 pH 的升高，锌被吸附的量也增加，土壤中有效锌的浓度降低，碱性土壤中的作物易缺锌。

10. 铜

铜是植物生长发育的必需元素，它广泛参与植物生长发育过程中的多种代谢，对维持植物正常代谢及发育起着重要的作用。

（1）铜是叶绿体的组成成分。铜大部分集中在叶绿体中，并在叶绿体中形成类脂物质，对叶绿素及其他色素的合成和稳定起促进作用。另外，铜是叶绿体中质体蓝素的组成成分，质体蓝素是光合作用中的电子传递体。在光合作用系统中，铜通过本身化合价的变化，起电子传递作用。

（2）铜是某些氧化酶的组成成分。作物体内的一些酶，如多酚氧化酶、抗坏血酸氧化酶、细胞色素氧化酶、苯丙氨酸解氨酶、苯丙烷合成酶、乳酸氧化酶、脱氢多酸氧化酶等都是含铜的酶。这些酶可以促进作物呼吸作用的正常进行，促进作物新陈代谢。

（3）铜是亚硝酸和次亚硝酸还原酶的活化剂，能促进作物体内的硝酸还原作用。作物从土壤中吸收的氮素，多数是硝态氮，硝态氮转化为铵态氮后，才能均衡形成赖氨酸、谷氨酸等，进一步促进蛋白质的合成。铜是将亚硝酸和次亚硝酸还原成铵态氮不可缺少的元素。

（4）铜能增强作物抗病害能力，主要机制：一是铜能促进作物细胞壁木质化，使病菌难以侵入；二是铜能促进作物体内聚合物的合成，断绝了病菌的营养源。

土壤中的铜以多种形态存在，主要有水溶态、有机结合态、交换态、氧化结合态和矿物态。但多数情况下，植物缺铜是由土壤中铜的有效性低引起的。影响土壤中铜有效性的因素有土壤 pH、温度、有机质含量、氧化还原条件以及其他元素与之相互作用。

在缺铜的土壤中施用铜肥能显著提高作物的产量。农业生产中施用的铜肥有：五水硫酸铜（$CuSO_4 \cdot 5H_2O$），含铜量为 25%，易溶于水，是比较常用的铜肥；氧化铜（CuO）和氧化亚铜（Cu_2O），含铜量分别为 75% 和 89%，难溶于水，一般与有机肥混合作基肥；络合铜肥有乙二胺四乙酸铜钠盐（$C_{10}H_{12}N_2O_8CuNa_2 \cdot 2H_2O$），含铜量为 13%，易溶于水，喷施、浸种均可。铜肥可作基肥、种肥和叶面肥施用。对铜肥效率而言，肥料的溶解度并非首要考虑的问题，最重要的是肥料与根系的接触面。

11. 钼

钼是微量元素之一，缺钼会影响植物正常生长。钼在植物中的作用与氮、磷、碳水化合物的转化或代谢过程都有密切关系：①钼能促进生物固氮。根瘤菌、固氮菌固定空气中的游离氮素，需要钼黄素蛋白酶参加，而钼是钼黄素蛋白酶的成分之一；钼能促进根瘤的产生和发展，而且还影响根瘤菌固氮的活性。②钼能促进氮素代谢。钼是作物体内硝酸还原酶的成分，参与硝态氮的还原过程。③钼能增强光合作用。钼有利于提高叶绿素的含量与稳定性，有利于光合作用的正常进行。④钼有利于糖类的形成与转化。钼能改善糖类，尤其是蔗糖从叶部向茎秆和生殖器官流动的能力，这对于促进植株的生长发育作用很大。⑤钼能增强作物抗旱、抗寒、抗病能力。钼能增加马铃薯上部叶片含水量以及玉米叶片的束缚水含量；钼能调节春小麦在一天中的蒸腾强度，提高早晨的蒸腾强度，降低白天其余时间的蒸腾强度。

常用的钼肥品种有：钼酸铵，含钼 54%，黄白色结晶体，溶于水，是目前应用最广泛的一种钼肥，可用作基肥、种肥和叶面肥。钼酸钠，含钼36%～39%，青白色结晶体，溶于水，可用作基肥、种肥和叶面肥。三氧化钼，含钼66%，白色晶体，难溶于水，一般作基肥。含钼废渣，难溶于水，一般用作基肥或种肥。

钼肥既可单独施用，也可与氮、磷、钾肥一同施用。例如将钼酸盐或三氧化钼加入过磷酸钙中制成含钼过磷酸钙，也可以与硫酸铵、氯化钾或液态肥料混合，但钼肥与酸性肥料混合后溶解度降低。

12. 硼

硼是植物最易缺乏的微量元素之一。疏松的土壤普遍缺硼，在疏松土壤中，水溶性硼很容易滤过土壤剖面，而无法被植物利用。充足的硼对于作物的高产和高品质都非常关键。通常植物叶绿体中硼的相对浓度较高。缺硼时，叶绿体退化，影响光合作用效率，从而对光合作用运转的速率和周期产生较大影响，特别是植物新生组织的光合产物在缺硼时会明显减少，糖含量也显著降低。硼能控制植物体内吲哚乙酸的水平，维持其正常生长的生理浓度。硼缺乏时，植物产生过量的生长素，从而抑制根系的生长。硼之所以有助于花芽的分化，是由于抑制了吲哚乙酸活性。硼还影响植物体内核酸含量，有利于将腺嘌呤转化成核酸、酪氨酸转化成蛋白质，同时还可以降低幼龄叶片和子叶中的叶绿体、线粒体以及它们表面部分核苷酸的消耗，增加磷进入核糖核酸和脱氧核糖核酸的数量和 ATP 含量。

常见的硼肥有：①硼砂，主要成分是十水四硼酸钠，分子式 $Na_2B_4O_7 \cdot 10H_2O$，产品特征：白色晶体或粉末，在干燥条件下，易失去结晶水变成白色粉末，标准一等品的四硼酸钠含量＞95％，含硼量为 11％；难溶于冷水，易被土壤固定；植物当季吸收利用率较低。②硼酸，分子式 H_3BO_3，含硼量约 17％。硼酸是无机化合物，也是传统的硼肥品种之一。优点是来源广，价格较低。③五水四硼酸钠，分子式 $Na_2B_4O_7 \cdot 5H_2O$，含硼量为 15％，产品特征：白色结晶粉末，易溶于热水，水溶液呈碱性。④四水八硼酸钠，分子式 $Na_2B_8O_{13} \cdot 4H_2O$，含硼量为 21％，产品特征：白色粉末，易溶于冷水，为高效速溶性硼酸盐。

硼肥的施用方法主要有叶面喷施、底肥施用等。在施用硼肥时应注意施肥量和施用时间，在作物不同生育时期施硼肥的效果不同。硼肥对种子的萌发和幼根的生长有抑制作用，故应避免与种子直接接触。

13. 氯

氯是植物必需的微量元素之一，在植物体内有多种生理功能，不仅影响植物的生长发育，而且参与并促进植物的光合作用，维持细胞渗透压，保持细胞内电荷的平衡。

（1）氯对光合作用的影响　植物光合作用中水的光解反应需要氯离子参加，氯可促进光合磷酸化作用和 ATP 的合成，直接参与光系统Ⅱ氧化位上的水裂解。光解反应所产生的氢离子和电子是绿色植物进行光合作用时所必需的，因而氯能促进和保证光合作用的正常进行。

（2）氯与酶的关系　植物体内的某些酶类必须有 Cl^- 的存在和参与才具有活性。如 α-淀粉酶只有在 Cl^- 的参与下，才能使淀粉转化为蔗糖，从而促进种子萌发。

（3）氯在植物体内具有渗透调节和气孔调节功能　氯是植物体内化学性质最稳定的阴离子，能与阳离子保持电荷平衡，维持细胞渗透压和膨压，增强细胞的吸水能力，并提高植物细胞和组织对水分的束缚能力，从而有利于植物从环境中吸收更多的水分。

（4）氯对植物体内其他养分离子吸收利用的影响　氯对植株吸收利用氮、磷、钾、钙、镁、硅、硫、锌、锰、铁和铜等养分元素有一定的影响。

氯在土壤、水和空气中广泛存在，一般作物生产中极少出现缺氯症状。氯在大多数植物体内积累过多会产生毒害作用，故一般不专门补施氯肥。

14. 镍

自1855年人们首次发现植物中存在镍以来，人们对镍在植物中的作用进行了许多研究，并发现了镍的双重角色：一方面是植物必需的微量元素，另一方面又是环境的危害因素。镍作为高等植物必需的微量元素之一，其含量必须在一定的浓度范围，若超过临界值，可能导致植物生理紊乱，如抑制某些酶的活性、扰乱能量代谢和抑制 Fe^{2+} 吸收等，从而阻碍植物的生长发育。

现实中，植物并不易缺镍，实践中不能盲目提倡依靠增施镍肥来促进作物生长发育，提高产量。

二、植物营养元素的相互关系

植物生长发育所必需的17种营养元素植物含量虽然悬殊，但对植物同等重要、缺一不可，即所有必需营养元素都是不可替代的。如碳、氢、氧、氮、磷、钾、硫等元素是组成碳水化合物的基本元素，是脂肪、蛋白质和核酸的成分，也是构成植物体的基本物质；铁、镁、锰、铜、钼、硼等是构成各种酶的成分；钾、钙、氯等是维持植物生命活动所必需的元素。

无论哪种元素缺乏，都会对作物生长造成危害；同样，某种元素过量也会对作物生长造成危害。在植物必需的营养元素中，各种元素有其特殊的作用，而且不能相互代替。如钾的化学性质和钠相近，离子大小和铵相近，在一般化学反应中能用钠来代替钾，在矿物结晶上铵能占据钾的位置，但在植物营养中钠和铵都不能代替钾的作用。

营养元素的相互作用指的是营养元素在土壤中或作物中产生相互影响，一种元素在与另一种元素以不同水平混合施用时所产生的不同效应。也就是说，两种营养元素之间能够产生促进作用或颉颃作用。这种相互作用在大量元素之间、微量元素之间以及微量元素与大量元素之间均有发生，既可以在土壤中发生，也可以在作物体内发生。由于这些相互作用改变了土壤和作物的营养状况，从而调节土壤和作物的功能，影响作物的生长和发育。作物通过根系从土壤溶液中吸收各种养分离子，这些养分离子间的相互作用对根系吸收养分的影响极其复杂，主要有营养元素间的颉颃作用和协同作用。

（一）颉颃作用

颉颃是一种物质被另一种物质所抑制的现象，是两种以上物质混合后的总作用小于每种物质作用之和的现象。作物吸收无机营养时，某些元素具有抑制作物吸收其他元素的作用，这种作用称为颉颃作用。如钾元素太多时，妨碍作物吸收镁元素，有时作物会出现缺镁症。离子间的颉颃作用主要表现在阳离子与阳离子之间或阴离子与阴离子之间，一价离子之间、二价离子之间、一价离子与二价离子之间都有这种作用。

颉颃作用机理主要有：性质相近的阴离子或阳离子间的竞争——竞争原生质膜上结合位点，如 K^+/Rb^+、AsO_4^{-3}/PO_4^{-3}、Cl^-/NO_3^-，与细胞内离子浓度的反馈调节有关；不同性质的阳离子间的竞争——竞争细胞内部负电势，如 K^+、Ca^{2+} 对 Mg^{2+}。

1. 大量元素氮、磷、钾对其他元素的颉颃作用

铵态氮过量对镁、钙离子产生颉颃作用，影响作物对镁、钙的吸收（表3-1）。过多施入氮肥后刺激植株生长，需钾量大增，更易表现缺钾症。磷肥不能与锌同施，因为磷肥与锌会形成磷酸锌沉淀，降低磷和锌的利用率。过多施入磷肥，多余的有效磷也会抑制作物对氮素的吸收，还可能引起缺铜、缺硼、缺镁。磷过多还会阻碍钾的吸收，造成锌固定，引起缺锌。过磷酸钙等酸性磷肥过多，还会活化土壤中对作物生长发育有害的物质，如活性铝、铁、镉，对生产不利。施钾过量首先造成浓度障碍，继而在土壤和植物体内发生与钙、镁、硼等营养元素的颉颃作用，严重时引发生理性病害，如西瓜、甜瓜脐腐病、草莓叶片黄化等，不仅影响品质，甚至会导致减产。

表3-1　大量元素氮、磷、钾对其他元素的颉颃作用

原因	氮	磷	钾	锌	锰	硼	铁	铜	镁	钙	镉	铝
高氮			×	×		×	×	×	×	×		
高磷			×	×		×	×	×			×	×
高钾	×			×		×	×		×	×		

2. 中量元素钙、镁、硫对其他元素的颉颃作用

钙、镁可以抑制铁的吸收，因为钙、镁呈碱性，可以使铁由易吸收的二价铁转化成难吸收的三价铁（表3-2）。钙肥过多，阻碍氮钾的吸收，易使新叶焦边，秆细弱，叶色淡。过量施用石灰造成土壤溶液中钙离子过多，与镁离子产生颉颃作用，影响作物对镁的吸收。同时，还易引起作物体内硼、铁、磷的缺乏。镁过多时，作物茎秆细弱、果实变小，易滋生真菌性病害。

表3-2　中量元素钙、镁、硫对其他元素的颉颃作用

原因	氮	磷	钾	锌	锰	硼	铁	铜	钼	镁	钙	硫	镉
低钙						×							

(续)

原因	氮	磷	钾	锌	锰	硼	铁	铜	钼	镁	钙	硫	镉
高钙		×		×	×		×	×		×			
高镁				×	×		×	×			×		
高硫		×							×				×

3. 微量元素铁、硼、铜、锰、锌、钼对其他元素的颉颃作用

缺硼影响水分和钙的吸收及在植物体内的移动，导致分生细胞缺钙，细胞膜的形成受阻，使幼芽及子叶细胞液呈强酸性，从而导致植物生长停止（表3-3）。缺硼还可诱发作物体内缺铁，使作物抗病性下降。

表3-3 微量元素铁、硼、铜、锰、锌、钼对其他元素的颉颃作用

原因	氮	磷	钾	锌	锰	铁	铜	钼	镁	钙	镉
高锰		×		×		×	×	×	×		
高硼	×		×							×	
低硼						×				×	
高铁		×		×					×		
高铜					×	×		×			
低锌							×				
高锌		×			×						×
高钼						×					

（二）协同作用

协同作用就是"1+1＞2"的效应，两种或多种物质协同起作用，其效果比每种物质单独起作用的效果之和大得多，简单来说就是两种（或几种）物质在某一方面起相同或相似的作用，使效果更加明显。肥料中的协同作用主要是指某些元素具有促进作物吸收其他元素的作用，这种作用称为互助作用。有机肥与无机肥配合施用、水肥一体化等方式都是灌溉和施肥过程中的协同作用。

相同电性离子间的协同作用：维茨效应，外部溶液中 Ca^{2+}、Mg^{2+}、Al^{3+}等二价及三价离子，特别是 Ca^{2+} 能促进 K^+、Rb^+ 及 Br^- 的吸收，但根内部溶液中的 Ca^{2+} 并不影响钾的吸收。但是维茨效应是有限度的，高浓度的 Ca^{2+} 反而会减少植物对其他离子的吸收。通常，大部分营养元素在适量浓度的情况下，对其他元素有促进吸收作用，促进作用通常是双向的；阴离子与阴离子之间也有促进作用，一般多价促进一价的吸收。

1. 大量元素的促进作用

磷能促使作物充分吸收钼，钾能促进铁的吸收，磷和镁具有很强的双向互

助依存吸收作用，可使植株生长旺盛，雌花增多，并有助于硅的吸收，增强作物的抗病性和抗逆能力（表3-4）。

表3-4 大量元素的促进作用

元素	氮	磷	钙	镁	铁	硼	锰	钼	硅	NH$_4^+$
氮		√		√			√			
磷	√		√	√			√	√	√	
钾	√				√	√	√			√

2. 中微量元素的促进作用

钙和镁有双向互助吸收作用，可使果实早熟，硬度好，耐储运（表3-5）。有双向协助吸收关系的还包括：锰与氮、钾、铜；硼可以促进钙的吸收，增强钙在植物体内的移动性。氯离子是生物化学性质最稳定的离子，它能与阳离子保持电荷平衡，是维持细胞内渗透压的调节剂。氯比其他阴离子活性大，极易进入植物体内，因而也加强了伴随阳离子（钠、钾、铵离子等）的吸收。锰可以促进硝酸还原作用，有利于合成蛋白质，因而提高了氮肥利用率。缺锰时，植物体内硝态氮积累，可溶性非蛋白氮增多。

表3-5 中微量元素的促进作用

元素	氮	磷	钾	钙	镁	铜	锰	锌	钠	硅	NH$_4^+$	铷	溴
钙		√			√								
镁	√	√	√							√		√	√
铁		√											
硼				√									
铜							√	√					
锰	√	√	√		√								
氯			√						√		√		

3. 其他因素的促进作用

当土壤呈酸性时，植物吸收阴离子多于阳离子；而在碱性土壤中，植物吸收阳离子多于阴离子（表3-6）。

表3-6 其他因素的促进作用

因素	氮	磷	钾	钙	镁	铁	硼	铜	锰	钠	硅	NH$_4^+$	铷	溴
PO$_4^{-3}$			√	√	√									
SO$_4^{-2}$			√	√										

（续）

因素	氮	磷	钾	钙	镁	铁	硼	铜	锰	钠	硅	NH₄⁺	钼	溴
NO_3^-			√	√	√									
Al			√										√	√
NH_4^+			√											
有机肥	√	√	√	√	√	√	√	√	√		√			

第二节　肥料分类及适宜施用方式

《汉语大字典》中肥料的定义：能供给养分使植物发育生长的物质。肥料的种类很多，有无机的，也有有机的。所含的养分主要是氮、磷、钾三种。《中国农业百科全书·农业化学卷》中肥料的定义：为作物直接或间接提供养分的物料。施用肥料能促进作物的生长发育、提高产量、改善品质和提高劳动生产率。有机肥料的施用，还可改良土壤结构，改善作物生长的环境条件，对作物持续、稳定增产起着重要作用。

GB/T 6274—2016《肥料和土壤调理剂　术语》中肥料的定义：以提供植物养分为主要功效的物料。通常来讲：肥料是指提供一种或一种以上植物必需的营养元素，改善土壤性质、提高土壤肥力水平的一类物质。我国《肥料登记管理办法》中肥料的定义：指用于提供、保持或改善植物营养和土壤物理、化学性能以及生物活性，能提高农产品产量，或改善农产品品质，或增强植物抗逆性的有机、无机、微生物及其混合物料。本书所述的肥料，除特殊说明外，均以《肥料登记管理办法》中的肥料定义为准。

一、肥料的分类

肥料是促进农作物生长发育、提高农业生产效益的重要生产资料。面对五花八门、品种繁多的各种肥料，结合自身生产需要，根据肥料种类、特点、成分和功效，选择适宜的肥料，是众多农业生产者的必备知识。肥料的分类方法如下：

1. 按照来源和成分主要分为有机肥料、无机肥料（化学肥料）和生物肥料

（1）有机肥料　主要包括传统有机肥和商品有机肥。传统有机肥主要包括人粪尿、厩肥、家畜粪尿、禽粪、堆沤肥、饼肥、绿肥等。

（2）无机肥料　常见的无机肥料（化学肥料）主要有单质肥料、复合肥料、缓控释肥料、水溶性肥料等。

（3）生物肥料 目前在农业生产中应用的生物肥料主要有三大类，即单一生物肥料、复合生物肥料和复混生物肥料。

2. 按照市场状况主要分为常规肥料和新型肥料

（1）常规肥料 包括无机肥料和有机肥料，无机肥料主要包括氮肥、磷肥、钾肥、微量元素肥料及复合肥料等；有机肥料一般包括：粪尿肥、堆沤肥类、泥土类、泥炭类、饼肥类及城市废弃物类。

（2）新型肥料 一般包括：微量元素肥料、微生物肥料、氨基酸肥料、腐植酸肥料、添加剂类肥料、有机水溶肥料、缓控释肥料等。

3. 按含养分多少可分为单质肥料、复合肥料

4. 按作用可分为直接肥料、间接肥料

5. 按肥效快慢可分为速效肥料、缓效肥料

6. 按形态可分为固体肥料、液体肥料、气体肥料等

7. 按作物对营养元素的需要可分为大量元素肥料、中量元素肥料、微量元素肥料

8. 按肥料分级及要求以有害物质限量指标划分为生态级、农田级、园林级

二、不同类型肥料以及施用方式

（一）有机肥料

1. 传统有机肥

有机肥是农业生产中的重要肥源，其养分全面、肥效均衡持久，既能改善土壤结构、培肥改土，促进土壤养分的释放，又能供应、改善作物营养，具有化学肥料不可替代的优越性，对发展有机农业、绿色农业有重要意义。有机肥在提供作物全面营养、促进作物生长、提高抗旱耐涝能力、促进土壤微生物繁殖、改良土壤结构、增强土壤的保肥供肥及缓冲能力、提高肥料利用率等方面发挥着重要作用。北京地区设施生产中常用的有机肥种类有鸡粪、猪粪、牛粪、羊粪、沼渣沼液等，其主要成分及特性见表3-7。

表3-7 常见有机肥类型及主要成分、特性

有机肥种类	主要成分及特性
鸡粪	养分含量高，有机物含量25%、氮1.63%、五氧化二磷1.5%、氧化钾0.85%，含氮磷较多，养分比较均衡，是细肥，易腐熟，属于热性肥料，可作基肥、追肥，用作苗床肥料较好。鸡粪中含有一定的钙，但镁较缺乏，应注意与其他肥料配合施用
猪粪	有机物含量25%、氮0.45%、五氧化二磷0.2%、氧化钾0.6%，含有较多的有机物和氮磷钾，氮磷钾比例在2:1:3左右，质地较细，碳氮比小，容易腐熟，肥效相对较快，是一种比较均衡的优质完全肥料，多作基肥秋施或早春施

(续)

有机肥种类	主要成分及特性
牛粪	有机物含量20%、氮0.34%~0.80%、五氧化二磷0.16%、氧化钾0.4%，质地细密，但含水量高，养分含量略低，腐熟慢，属于冷性肥料，肥效较慢，堆积时间长，最好和热性肥料混堆，堆积过程中注意翻倒，可作基肥晚春、夏季、早秋施用
羊粪	有机物含量32%、氮0.83%、五氧化二磷0.23%、氧化钾0.67%，质地细，水分少，肥分浓厚，是迟、速兼备的优质肥料。适用性广，可作基肥或追肥
秸秆堆肥	有机物含量15%~25%、氮0.4%~0.5%、五氧化二磷0.18%~0.26%、氧化钾0.45%~0.70%，碳氮比高，属于热性肥料，分解较慢，但肥效持久，长期施用可以起到改土的作用，多用作基肥
沼渣沼液	沼渣沼液是秸秆与粪尿在密闭厌氧条件下发酵后沤制而成的，含有丰富的有机质、氮、磷、钾等营养成分及氨基酸、维生素、酶、微量元素等活性物质，是一种优质、高效、安全的有机肥料。沼渣质地细，安全性好，养分齐全，肥效持久，可作基肥、追肥；沼液是一种液体速效有机肥料，可叶面喷施、浸种或与高效速溶化肥作追肥配合施用

2. 商品有机肥料

以植物和（或）动物为主要来源，经过发酵腐熟的含碳有机物料称商品有机肥料，其有机质含量≥45%，氮、磷、钾总养分含量≥5.0%，养分配比合理，可改善土壤肥力、提供植物营养、提高作物品质。商品有机肥料的外观颜色为褐色或灰褐色，粒状或粉状，均匀，无恶臭，无机械杂质。商品有机肥料的技术指标应符合表3-8中的条件。

表3-8　商品有机肥料的技术指标

项目	指标
有机质的质量分数（以烘干基计,%）	≥30
总养分（氮＋五氧化二磷＋氧化钾）的质量分数（以烘干基计,%）	≥4.0
水分（鲜样）的质量分数（%）	≤30
酸碱度（pH）	5.5~8.5
种子发芽指数（GI,%）	≥70
机械杂质的质量分数（%）	≤0.5
总砷（As）（以烘干基计，mg/kg）	≤15
总汞（Hg）（以烘干基计，mg/kg）	≤2
总铅（Pb）（以烘干基计，mg/kg）	≤50
总镉（Cd）（以烘干基计，mg/kg）	≤3
总铬（Cr）（以烘干基计，mg/kg）	≤150

（续）

项目	指标
蛔虫卵死亡率（%）	≥95，应符合 NY 884
粪大肠杆菌群数（个/g）	≤100，应符合 NY 884
氯离子的质量分数（%）	按照 GB/T 15063—2020 附录 B 的规定执行

3. 有机肥施用方法

不同作物种类的需肥规律、不同时期的需肥量都不同，因此在西瓜、甜瓜、草莓等设施作物生产过程中要针对作物生长需求施用相应的有机肥来满足其需要。调研结果显示，目前农户有机肥平均亩施用量是 2.0～3.0t，具体施用有机肥时应注意由于累积效益多年后应下调用量，如果超过推荐阈值会抑制生长。不同土壤类型其物理、化学和生物学性质不同，致使有机肥施入后的作用和在土壤中的养分转化性能、土壤保肥性能不同，因此，有机肥推荐种类和用量不同（表 3-9）。

表 3-9　不同土壤类型及种植年限有机肥推荐种类及用量

设施土壤情况		2～3 年新田	大于 5 年老田	
有机肥选择		粪肥、堆肥	堆肥	粪肥＋秸秆
亩推荐量（t）	沙壤土	2～3	1.5～2	1+1
	黏性土	1～2	1～1.5	1+2

（二）无机肥料

无机肥料是指用化学方法制造或者开采矿石经过加工制成的肥料，也称化学肥料。化肥种类的划分方法很多，按照化肥中所含养分种类多少，可将化肥分为单元化学肥料（也称单质肥料）、多元化学肥料和完全化学肥料；按照化肥的养分种类，可将化肥分为氮肥、磷肥、钾肥、复合肥料、复混肥料、掺混肥料和中微量元素肥料；按照化肥形态，可将化肥分为固体化肥、液体化肥和气体化肥。与有机肥相比，化肥养分含量高，肥效快，容易保存并保存期长，单位面积施用量少，便于运输，节约劳动力。作物生长养分需求量大，其中化肥养分供应是主要来源，为了改善设施土壤质量，保障作物的优质、高产和高效生产，正确选择肥料配方、种类以及高效施肥方式是至关重要的。

1. 单质肥料

单质肥料是指只含有氮、磷、钾三种主要养分之一，如硫酸铵只含氮素，普通过磷酸钙只含磷素，硫酸钾只含钾素。

（1）氮肥　只含有氮养分，常用的有尿素（含氮 46%）、碳酸氢铵（含氮

17%)、硝酸铵（含氮 34%)、硫酸铵（含氮 20.5%～21%)、氯化铵（含氮 25%）等。北京地区草莓、西瓜、甜瓜生产主要为设施栽培，常用的单质氮肥品种主要为尿素，其他含有铵态氮肥的单质氮肥施用不当易产生氨害，近年来很少使用。

尿素，分子式为 $CO(NH_2)_2$，是固体氮肥中含氮量最高的。尿素是生理中性肥料，在土壤中不残留任何有害物质，长期施用没有不良影响。但在造粒中温度过高会产生少量缩二脲，又称双缩脲，对作物生长有抑制作用。尿素是有机态氮肥，只有经过土壤中的脲酶作用，水解成碳酸铵或碳酸氢铵后，才能被作物吸收利用，因此，尿素要在作物的需肥期前 4～8d 施入。尿素适合各种土壤，与硫酸铵、磷酸氢铵、氯化钾、硫酸钾混配良好，不能与过磷酸钙混配，与硝酸铵混配易产生水分，但液体肥料可以。可作基肥、追肥，作种肥亩用量要小于 5kg（种、肥隔离）。

（2）磷肥　只含有磷养分，常用的有普通过磷酸钙（含五氧化二磷 16%～18%)、重过磷酸钙（含五氧化二磷 40%～50%)、钙镁磷肥（含五氧化二磷 16%～20%)、钢渣磷肥（含五氧化二磷 15%)、磷矿粉（含五氧化二磷 10%～35%）等。北京地区常见的单质磷肥品种主要为普通过磷酸钙。据 2018 年北京市设施栽培长期定位监测结果可知，土壤有效磷平均含量达到 150mg/kg，属于极高水平，因此草莓生产中不建议底施磷肥，可在追肥阶段适当补充磷肥。因此，新菜田建议底施，老菜田追施一些低磷水溶肥料。

用硫酸分解磷灰石制得的称为普通过磷酸钙，简称普钙，主要成分为 $Ca(H_2PO_4)_2 \cdot H_2O$、无水硫酸钙和少量磷酸，其中 80%～95% 溶于水，属于水溶性速效磷肥，既可直接作磷肥，也可用于制作复合肥料。由于普通过磷酸钙磷含量较低，单位有效成分的销售价格偏高，后续又出现一些高浓度磷肥。用磷酸和磷灰石反应，所得产物中不含硫酸钙，而是磷酸二氢钙，这种产品被称为重过磷酸钙，为灰白色粉末，含五氧化二磷高达 30%～45%，为普通过磷酸钙的 2 倍以上。重过磷酸钙为酸性磷肥，与尿素混配易生水，所以不常用。普通过磷酸钙可作基肥、追肥、种肥，基肥深施，可与有机肥混施。

（3）钾肥　只含有钾养分，常用的有硫酸钾（含氧化钾 48%～52%)、氯化钾（含氧化钾 50%～56%）等。硫酸钾是西瓜、甜瓜常用的钾肥品种，西瓜、甜瓜属于对氯中等敏感作物，应少施氯化钾等含氯肥料。

硫酸钾，分子式为 K_2SO_4。化学中性，生理酸性，无色结晶体，吸湿性小，不易结块，物理性状良好，施用方便，是很好的水溶性钾肥。京郊土壤多属石灰性土壤，土壤 pH 较高，一般在 7.5～8.5，因此对于 pH 较高的设施土壤，硫酸根与土壤中钙离子易生成不易溶解的硫酸钙（石膏），硫酸钙过多会造成土壤板结，此时应重视增施有机肥；老菜田由于大量投入有机肥和化肥，土壤碱性较低或偏酸性，过多的硫酸钾会使土壤酸性加重，甚至加剧土壤中活性铝、铁对作物的毒害，应注意老菜田土壤 pH 变化。

氯化钾，分子式为 KCl。白色或红色粉末或颗粒，化学中性，生理酸性，肥效快，可作基肥、追肥，盐碱地尽量不用，酸性土壤中应配施石灰。

2. 复合肥料

复合肥料是指氮、磷、钾三种养分中，至少有两种养分标明量的由化学方法和（或）物理方法制成的肥料。复合肥料按总养分含量分为高浓度（总养分含量≥40.0%）、中浓度（总养分含量≥30.0%）、低浓度（总养分含量≥25.0%）。根据制造工艺和加工方法可分为复混肥料、掺混肥料和有机-无机复混肥料。

（1）复混肥料　复混肥料是以单质肥料（如尿素、磷酸一铵、硫酸钾、普通过磷酸钙、硫酸铵等）为原料，辅以添加物，按照一定的配方配制、混合、加工造粒而制成的肥料。复混肥料是当前肥料行业发展最快的肥料品种。

复混肥料具有以下优缺点。主要优点：一是养分全面，含量高。含有两种或两种以上的营养元素，能较均衡地、长时间地同时供给作物所需要的多种养分，并充分发挥营养元素之间的相互促进作用，提高施肥效果。可以根据不同类型土壤的养分状况和作物需肥特征，配置系列专用肥，产品的养分比例多样化，针对性强，从而避免养分的浪费，提高肥料的利用率，同时也可避免农户因习惯施用单质肥而导致土壤养分不平衡。二是有利于施肥技术的普及。测土配方施肥技术通过专用复混肥这一物化载体，可以真正做到技物结合，从而加速配方施肥技术的推广应用。主要缺点：一是所有养分同时施用，有的养分可能与作物最大需肥期不吻合，易流失，难以满足作物某一时期对养分的特殊要求。二是养分比例固定的复混肥料，难以同时满足各类土壤和各种作物的要求。

复混肥中的氮、磷、钾比例一般氮以纯氮（N）、磷以五氧化二磷（P_2O_5）、钾以氧化钾（K_2O）为标准计算，例如，氮∶磷∶钾＝15∶15∶15，表明在复混肥中纯氮含量占总物料量的 15%，五氧化二磷占 15%，氧化钾占 15%，氮、磷、钾总含量占总物料的 45%。

复混肥料一般用作基肥和追肥，不能用作种肥和叶面追肥，防止烧苗现象发生。①复混肥料适宜作基肥，作基肥宜深施，有利于中后期作物根系对养分的吸收。复混肥料含有氮、磷、钾三种营养元素，作基肥可以满足作物中后期对磷、钾养分的最大需要，克服中后期追施磷、钾肥的困难。②三元复混肥料不提倡用作追肥，作追肥会导致磷、钾资源浪费，因为磷、钾肥施在土壤表面很难发挥作用，当季利用率不高。如果基肥没有施用复混肥料，在出苗后也可适当追施，但最好开沟施用，并且施后要覆土。③高浓度复混肥料不能作种肥，因为高浓度肥料与种子混在一起容易烧苗，如果一定要作种肥，必须做到肥料与种子分开，以免烧苗。④复混肥料可作冲施肥，对于多次采收的蔬菜，每次采收后冲施复混肥料可以适当补充养分，应选用氮钾含量高、全水溶性的复混肥。设施西瓜、甜瓜及草莓的土壤有效磷含量极高，一般选用低磷的三元复混肥料作冲施肥。

（2）掺混肥料　指氮磷钾三种养分中，至少有两种养分标明量的由干混方法制成颗粒状肥料的肥料。

（3）有机-无机复混肥料　指含有一定量有机质的复混肥料。

西瓜、甜瓜和草莓生产中使用较多的是复合肥料。复合肥料是具有固定的分子式结构及固定的养分含量和比例的化合物。复合肥料的主要优点：一是复合肥料含有两种或两种以上作物需要的元素，养分含量高，能比较均衡和长时间地供应作物需要的养分，提高施肥增产效果；二是复合肥料一般为颗粒状，吸湿性小，不结块，具有一定的抗压强度和粒度，物理性状好，便于储存，施用方便，特别是利于机械化施肥；三是复合肥料既可以作基肥和追肥，又可以作种肥，适用范围比较广；四是复合肥料副成分少，在土壤中不残留有害成分，对土壤性质基本不会产生不良影响。主要缺点：一是氮、磷、钾养分比例相对固定，不能适用于各种土壤和各种作物对养分的需求，所以，在复合肥料施用过程中一般要配合单质肥料才能满足各类作物在不同生育阶段对养分种类、数量的要求，满足作物高产对养分的平衡需求；二是复合肥料所含养分同时施入，有的养分可能与作物最大需肥时期不吻合，易流失，难以满足作物某一时期对某一养分的特殊要求，不能发挥本身所含多种养分的最佳施用效果。常见的几种复合肥料如下。

①磷酸一铵和磷酸二铵。磷酸一铵和磷酸二铵中含有氮、磷两种养分，属于氮、磷二元型复合肥料，是发展最快、用量最大的复合肥料之一。

磷酸一铵又称磷酸铵，含磷量60%左右，含氮量12%左右，灰白色或淡黄色颗粒，不易吸湿，不易结块，易溶于水，化学性质呈酸性，是以磷为主的高浓度速效氮、磷复合肥。

磷酸二铵简称二铵，含磷量46%左右，含氮量18%左右，白色结晶体，吸湿性小，稍结块，易溶于水，制成颗粒状产品后不易吸湿、不易结块，化学性质呈碱性，是以磷为主的高浓度速效氮、磷复合肥。

磷酸一铵、磷酸二铵不仅适用于各种类型的作物，而且适用于各种类型的土壤，特别是在碱性土壤和缺磷比较严重的土壤，增产效果十分明显。二者既可以作基肥，也可作追肥或种肥。施用时，不能将磷酸二铵与碱性肥料混合施用，否则会造成氮的挥发，同时还会降低磷的肥效。

②磷酸二氢钾。磷酸二氢钾含磷52%、含钾34%左右。纯品为白色或灰

白色结晶体，物理性状好，吸湿性小，易溶于水，水溶液呈酸性，为高浓度速效磷、钾二元复合肥料。

由于磷酸二氢钾价格比较昂贵，目前多用于根外追肥，特别是用于草莓、西瓜、甜瓜等经济作物，通常都会取得良好的增产效果。对于设施作物，一般叶面喷施浓度 $0.1\% \sim 0.2\%$，喷施 $2 \sim 3$ 次，间隔 7d 左右。磷酸二氢钾也可用作种肥，播种前将种子在浓度为 0.2% 的磷酸二氢钾水溶液中浸泡 $12 \sim 18h$，捞出晾干即可播种。磷酸二氢钾用于追肥时通常采用叶面喷施的办法，在生长关键时期及时喷施。

③硝酸钾。硝酸钾含氮（N）13%、含钾（K_2O）44%，$N : K_2O$ 为 $1 : 3.4$，白色晶体，吸湿性小，不易结块，易溶于水，不含副成分，生理反应和化学反应均为中性，为以钾为主的高浓度氮、钾二元复合肥料。

硝酸钾适用于各种作物，适宜作追肥，一般每亩用量 $10 \sim 15kg$。根外追肥的话一般采用浓度为 $0.6\% \sim 1.0\%$ 的硝酸钾溶液。施用时注意配合氮、磷化肥，以提高肥效。由于硝态氮易淋失，在设施大棚中施用时注意控制灌溉量，忌大水灌溉，宜结合微灌施肥。

3. 缓控释肥料

缓控释肥料是结合现代植物营养与施肥理论和控制释放高新技术，并考虑作物营养需求规律，采取某种调控机制延缓或控制肥料在土壤中的释放期与释放量，使其养分释放模式与作物养分吸收相协调或同步的新型肥料。一般认为，"释放"是指养分由化学物质转变成植物可直接利用的有效形态的过程（如溶解、水解、降解等）。"缓释"是指化学物质养分释放速率远小于速溶性肥料施入土壤后转变为植物有效养分的释放速率。缓释肥料在土壤中能缓慢放养分，对作物具有缓效性或长效性，只能延缓肥料的释放速度，达不到完全控释的目的。缓释肥料的高级形式为控释肥料，肥料的养分释放速度与作物需要的养分量保持一致，使肥料利用率达到最高。控释肥料是以颗粒肥料（单质或复合肥）为核心，表面涂覆一层低水溶性的无机物质或有机聚合物，或者应用化学方法将肥料均匀地融入并分解在聚合物中形成多孔网络体系，根据聚合物的降解情况而促进或延缓养分的释放，使养分的供应能力与作物生长发育的需肥要求协调一致的一种新型肥料。包膜控释肥料是其中最大的一类。

按照 HG/T 3931—2007《缓控释肥料》的定义：缓控释肥料是指以各种调控机制使其养分最初释放延缓，延长植物对其有效养分吸收利用的有效期，使其养分按照设定的释放率和释放期缓慢或者控制释放的肥料。其技术要求包括：初期养分释放率 $\leqslant 15\%$，28d 累积养分释放率 $\leqslant 75\%$，标明养分释放期等。

4. 水溶肥料

水溶肥料是指经水溶解或稀释，用于灌溉施肥、叶面施肥、无土栽培、浸种蘸根等用途的液体或固体肥料。根据养分含量分为大量元素水溶肥料、中量元素水溶肥料、微量元素水溶肥料、含氨基酸水溶肥料、含腐植酸水溶肥料、有机水溶肥料等，执行标准见表3-10。水溶肥料作为一种速效肥料，它的营养元素比较全面，且根据不同作物、不同时期的需肥特点相应的肥料有不同的配方。

表 3-10　各种水溶肥料执行标准

类别	执行标准
大量元素水溶肥料	NY/T 1107—2020
中量元素水溶肥料	NY 2266—2012
微量元素水溶肥料	NY 1428—2010
氨基酸水溶肥料	NY 1429—2010
腐植酸水溶肥料	NY 1106—2010

（1）大量元素水溶肥料　指以大量元素氮、磷、钾为主要成分并添加适量中、微量元素的固体或液体水溶肥料。大量元素水溶肥料固体和液体产品技术指标应符合表3-11的要求，同时应符合包装标识的标明值。

表 3-11　大量元素水溶肥料的要求

项目		固体产品	液体产品
大量元素含量		≥50.0%	≥400g/L
水不溶物含量		≤1.0%	≤10g/L
水分（H_2O）含量		≤3.0%	—
缩二脲含量		≤0.9%	
氯离子含量	未标"含氯"的产品	≤3.0%	≤30g/L
	标识"含氯（低氯）"的产品	≤15.0%	≤150g/L
	标识"含氯（中氯）"的产品	≤30.0%	≤300g/L

注：大量元素含量指 N、P_2O_5、K_2O 总含量之和。产品应至少包含其中两种大量元素。单一大量元素含量不低于 4.0% 或 40g/L。各单一大量元素测定值与标明值负相对偏差的绝对值应不大于 1.5% 或 15g/L。

氯离子含量大于 30.0% 或 300g/L 的产品，应在包装袋上标明"含氯（高氯）"。标识"含氯（高氯）"的产品，氯离子含量可不做检验和判定。

　　大量元素水溶肥料产品中若添加中量元素养分，须在包装标识注明产品中所含单一中量元素含量、中量元素总含量。中量元素总含量指钙、镁元素含量之和，产品应至少包含其中一种中量元素。单一中量元素含量不低于0.1%或1g/L，单一中量元素含量低于0.1%或1g/L不计入中量元素总含量。当单一中量元素含量标明值不大于2.0%或20g/L时，各元素测定值与标明值负相对偏差的绝对值应不大于40%；当单一中量元素含量标明值大于2.0%或20g/L时，各元素测定值与标明值负相对偏差的绝对值应不大于1.0%或10g/L。

　　大量元素水溶肥料产品中若添加微量元素养分，须在包装标识注明产品中所含单一微量元素含量、微量元素总含量。微量元素总含量指铜、铁、锰、锌、硼、钼元素含量之和，产品应至少包含其中一种微量元素。单一微量元素含量不低于0.05%或0.5g/L，钼元素含量不高于0.5%或5g/L。单一微量元素含量低于0.05%或0.5g/L不计入微量元素总含量。当单一微量元素含量标明值不大于2.0%或20g/L时，各元素测定值与标明值负相对偏差的绝对值应不大于40%；当单一微量元素含量标明值大于2.0%或20g/L时，各元素测定值与标明值负相对偏差的绝对值应不大于1.0%或10g/L。

　　固体大量元素水溶肥料产品若为颗粒状，粒度（1.00～4.75mm或3.35～5.60mm）应≥90%；特殊形状或更大颗粒（粉状除外）产品的粒度可由供需双方协议确定。

　　大量元素水溶肥料中汞、砷、镉、铅、铬限量指标应符合NY 1110—2010《水溶肥料汞、砷、镉、铅、铬的限量要求》农业行业标准要求，具体见表3-12。

表3-12　水溶肥料汞、砷、镉、铅、铬元素限量要求（mg/kg）

项目	指标
汞（Hg）（以元素计）	≤5
砷（As）（以元素计）	≤10
镉（Cd）（以元素计）	≤10
铅（Pb）（以元素计）	≤50
铬（Cr）（以元素计）	≤50

　　（2）中量元素水溶肥料　指以中量元素钙、镁为主要成分的液体或固体水溶肥料，产品中应该至少包含一种中量元素。中量元素水溶肥料技术指标应符合表3-13的要求。

表 3-13　中量元素水溶肥料技术指标

产品形态	项目	指标
固体产品	中量元素含量（%）	≥10.0
	水不溶物含量（%）	≤5.0
	pH（1∶250 倍稀释）	3.0～9.0
	水分含量（H₂O,%）	≤3.0
液体产品	中量元素含量（g/L）	≥100
	水不溶物含量（g/L）	≤50
	pH（1∶250 倍稀释）	3.0～9.0

注：中量元素含量指钙含量或镁含量或钙镁含量之和。固体产品含量不低于 1.0%、液体产品含量不低于 10g/L 的钙或镁元素均应计入中量元素含量。硫含量不计入中量元素含量，仅在标识中标注。

若中量元素水溶肥料中添加微量元素成分，微量元素含量应不低于 0.1%或 1g/L，且不高于中量元素含量的 10%。

（3）微量元素水溶肥料　指含有作物正常生长发育所必需的微量元素的固体或液体水溶肥料，如硼肥、锰肥、铜肥、锌肥、钼肥、铁肥、氯肥等，产品应至少包含一种微量元素，也可以是含有多种微量元素的复合肥料。微量元素水溶肥料技术指标应符合表 3-14 的要求。

表 3-14　微量元素水溶肥料技术指标

产品形态	项目	指标
固体产品	微量元素含量（%）	≥10.0
	水不溶物含量（%）	≤5.0
	pH（1∶250 倍稀释）	3.0～10.0
	水分含量（H₂O,%）	≤6.0
液体产品	微量元素含量（g/L）	≥100
	水不溶物含量（g/L）	≤50
	pH（1∶250 倍稀释）	3.0～10.0

注：微量元素含量指铜、铁、锰、锌、硼、钼元素含量之和。产品应至少包含一种微量元素。固体产品含量不低于 0.05%、液体产品含量不低于 0.5g/L 的单一微量元素应计入微量元素含量。固体产品钼元素含量不高于 1.0%，液体产品钼元素含量不高于 10g/L（单质含钼微量元素产品除外）。

（4）含氨基酸水溶肥料　含氨基酸水溶肥料是指以游离氨基酸为主体，按适合植物生长所需比例，添加适量钙、镁中量元素或铜、铁、锰、锌、硼、钼微量元素而制成的液体或固体水溶肥料。按添加中量、微量元素类型将含氨基酸水溶肥料分为中量元素型和微量元素型。氨基酸以游离氨基酸含量的形式标明，其具体技术指标见表 3-15、表 3-16。

表 3-15　含氨基酸水溶肥料（中量元素型）技术指标

产品形态	项目	指标
固体产品	游离氨基酸含量（%）	≥10.0
	中量元素含量（%）	≥3.0
	水不溶物含量（%）	≤5.0
	pH（1∶250 倍稀释）	3.0～9.0
	水分含量（H_2O,%）	≤4.0
液体产品	游离氨基酸含量（g/L）	≥100
	中量元素含量（g/L）	≥30
	水不溶物含量（g/L）	≤50
	pH（1∶250 倍稀释）	3.0～9.0

注：中量元素含量指钙、镁元素含量之和。产品应至少包含一种中量元素。固体产品含量不低于 0.1%、液体产品含量不低于 1g/L 的单一中量元素均应计入中量元素含量。

表 3-16　含氨基酸水溶肥料（微量元素型）技术指标

产品形态	项目	指标
固体产品	游离氨基酸含量（%）	≥10.0
	微量元素含量（%）	≥2.0
	水不溶物含量（%）	≤5.0
	pH（1∶250 倍稀释）	3.0～9.0
	水分含量（H_2O,%）	≤4.0
液体产品	游离氨基酸含量（g/L）	≥100
	微量元素含量（g/L）	≥20
	水不溶物含量（g/L）	≤50
	pH（1∶250 倍稀释）	3.0～9.0

注：微量元素含量指铜、铁、锰、锌、硼、钼元素含量之和。产品应至少包含一种微量元素。固体产品含量不低于 0.05%、液体产品含量不低于 0.5g/L 的单一微量元素均应计入微量元素含量。钼元素含量不高于 0.5% 或 5g/L。

（5）含腐植酸水溶肥料　含腐植酸水溶肥料是指以适合植物生长发育所需比例的矿物源腐植酸为主体，添加适量氮、磷、钾大量元素或铜、铁、锰、锌、硼、钼微量元素而制成的液体或固体水溶肥料。这里的矿物源腐植酸是指由动植物残体经过微生物分解、转化以及地球化学作用等系列过程形成的，从泥炭、褐煤或风化煤提取而得的，含苯核、羧基和酚羟基等无定形高分子化合物的混合物。按添加大量、微量元素类型将含腐植酸水溶肥料分为大量元素型和微量元素型，其中，大量元素型产品分为固体、液体两种剂型，微量元素型产品仅有固体剂型，具体技术指标见表3-17、表3-18。

表3-17 含腐植酸水溶肥料（大量元素型）技术指标

产品形态	项目	指标
固体产品	腐植酸含量（%）	≥3.0
	大量元素含量（%）	≥20.0
	水不溶物含量（%）	≤5.0
	pH（1:250倍稀释）	4.0～10.0
	水分含量（H_2O,%）	≤5.0
液体产品	腐植酸含量（g/L）	≥30
	大量元素含量（g/L）	≥200
	水不溶物含量（g/L）	≤50
	pH（1:250倍稀释）	4.0～10.0

注：大量元素含量指N、P_2O_5、K_2O总含量之和。产品应至少含两种大量元素。固体产品单一大量元素含量不低于2.0%，液体产品单一大量元素含量不低于20g/L。

表3-18 含腐植酸水溶肥料（微量元素型）技术指标

项目	指标
腐植酸含量（%）	≥3.0
微量元素含量（%）	≥6.0
水不溶物含量（%）	≤5.0
pH（1:250倍稀释）	4.0～10.0
水分含量（H_2O,%）	≤5.0

注：微量元素含量指铜、铁、锰、锌、硼、钼元素含量之和。产品应至少包含一种微量元素。含量不低于0.05%的单一微量元素均应计入微量元素含量。钼元素含量不高于0.5%。

（6）海藻酸类水溶肥料 相关研究表明，海藻肥的有效成分与活性物质有66种以上。海藻肥能为作物提供齐全的大量元素、微量元素、多种氨基酸、多糖、维生素及细胞分裂素等多种营养与活性物质；能帮助植物建立健壮的根系，增强对土壤养分、水分与气体的吸收利用；可增大植物茎秆的维管束细胞，加快水分、养分与光合产物的运输；能促进植物细胞分裂，延迟细胞衰老，有效提高光合作用效率，提高产量，改善品质，延长贮藏保鲜期，增强作物抗旱、抗寒、抗病虫等多种抗逆功能。此外，海藻肥还能破除土壤板结、治理盐碱与沙漠戈壁等。

近几年，含海藻酸的新型肥料层出不穷。用作肥料的海藻一般是大型经济藻类，如巨藻、泡叶藻、海囊藻等。海藻酸类水溶肥料中的核心物质是海藻提取物，主要原料选自天然海藻。经过特殊生化工艺处理，提取海藻中的精华物质，极大地保留了天然活性组分，含有大量的非含氮有机物、陆地植物无法比拟的钾、钙、镁、锌、碘等40余种矿物质元素和丰富的维生素，特别是海藻中所特有的海藻多糖、藻朊酸、高度不饱和脂肪酸及多种天然植物生长调节剂，具有很高的生物活性，可刺激植物体内非特异性活性因子的产生，调节内源激素平衡。

海藻生物结构简单，利于加工提取活性物质，已被广泛应用于医药、食品、农业等领域。2021年，我国肥料登记层面就规定含海藻酸的水溶肥料参照《有机水溶肥料通用要求》执行。农资市场上的海藻酸类水溶肥料分类仍未统一，常见的几种分类：①按营养成分配比，添加植物所需的营养元素制成液体或粉状，根据其功能，又可分为广谱型、高氮型、高钾型、防冻型、抗病型、生长调节型、中微量元素型等，适用于所有作物。②按物态分为液体型海藻肥，如液体叶面肥、冲施肥；固体型海藻肥，如粉状叶面肥、粉状冲施肥、颗粒状海藻肥。③按附加的有效成分可分为含腐植酸的海藻肥、含氨基酸的海藻肥、含甲壳素的海藻肥、含稀土元素的海藻肥等。④海藻菌肥，直接利用海藻或海藻中活性物质提取后剩余的残渣，微生物发酵而成的产品。⑤按施用方式划分为：叶面肥，用于叶面施肥；冲施肥，用于浅表层根部施肥；浸种、拌种、蘸根海藻肥，海藻肥稀释一定倍数浸泡种子或拌种浸泡过的种子阴干后可播种，幼苗移栽或扦插时用海藻肥浸渍苗、插条茎部。⑥海藻生物有机肥、有机无机复混肥。

综上所述，水溶肥料与传统单元肥料、二元肥料以及复合肥料相比，养分全面、含量高，配方灵活，能迅速地溶解于水中，更易被作物吸收利用，利用率高，用量更少，可应用于喷施、喷灌、滴灌，实现水肥一体化，省水、省肥、省工，施用经济、方便、安全。

水溶性肥料一般用作追肥，既可以进行灌溉施肥，还可以进行叶面喷施。

灌溉施肥（Fertigation）是将施肥（Fertilization）与灌溉（Irrigation）结合在一起的一项农业技术，借助压力灌溉系统，在灌溉的同时将由固体肥料或液体肥料配兑而成的肥液一起输到作物根部土壤。灌溉施肥可以在灌水量、施肥量和施肥时间等方面都达到很高的精度。灌溉施肥有多种方法，如地面灌溉施肥、喷灌施肥和微灌施肥，针对前者的肥料品种称为冲施肥，针对后两者的肥料品种称为滴灌肥。灌溉施肥也应用于无土栽培中，营养液是无土栽培的关键，而营养液的重要组成部分就是水溶肥料。灌溉施肥实现"水肥一体化"，适用于规模化的大农场、种植园，能节约灌溉水并提高劳动生产效率，实现节水、省肥、省工。

叶面喷施。在其他施肥方式不允许或一些特定的情况下叶面喷施肥料可以及时为作物补充所需的养分。首先将水溶肥料提前进行稀释处理，或与非碱性农药混合溶于水中，然后对作物进行叶面喷施，保证营养元素可以通过叶面气孔进入植株内部。这种施肥方式主要适用于幼嫩或根系发育不良的作物，能够有效避免作物发生缺素症状，与其他施肥方式相比，作物养分吸收率更高，能有效改善肥水浪费情况。

（三）微生物肥料

按照 NY/T 1113—2006《微生物肥料术语》的定义：微生物肥料是指含有特定微生物活体的制品，应用于农业生产，通过其中所含微生物的生命活动，增加植物养分的供应量或促进植物生长，提高产量，改善农产品品质及农业生态环境。

1. 微生物肥料的分类

目前，微生物肥料包括微生物接种剂、复合微生物肥料和生物有机肥三种类型，农业部测试中心批准登记产品共 12 个品种。截至 2021 年 4 月，测试中心微生物肥料登记产品已达 8 627 个。其中，微生物菌剂数量最多，达 4 512 个，占比 52.30%；生物有机肥 2 527 个，占比 29.29%；复合微生物肥料 1 588 个，占比 18.41%。

（1）微生物接种剂 也称微生物菌剂或农用微生物菌剂，是由特定微生物经过工业化生产扩繁后加工制成的活菌制剂。微生物菌剂包括根瘤菌剂、固氮菌剂、硅酸盐菌剂、溶磷菌剂、内生菌根菌剂、光合细菌剂、复合微生物菌剂（由 2 种或 2 种以上互不颉颃的微生物菌种制成的农用微生物菌剂）、有机物料腐熟剂、微生物浓缩制剂和土壤修复菌剂共 10 个品种。微生物菌剂有液体、粉剂和颗粒三种剂型，执行国家强制性标准 GB 20287—2006。标准中对菌剂的外观及有效活菌数（cfu）、杂菌率、pH 及有效期等技术指标都作了相关要求（表 3 - 19）。

（2）复合微生物肥料 由 1 种或 1 种以上特定微生物与营养物质（包括无机养分和有机质）复合而成的活体微生物制品。

（3）生物有机肥 是一类兼具微生物肥料和有机肥效应的肥料，由特定功能微生物与主要以畜禽粪便、农作物秸秆等动植物残体为来源并经腐熟加工处理的有机物料复合而成。

表 3 - 19 主要微生物肥料执行标准及有效活菌数量、有机质和总养分

类别	执行标准	有效活菌数量（亿 cfu/g 或亿 cfu/mL）			有机质含量（以干基计，%）	总养分（N+P$_2$O$_5$+K$_2$O，%）	
		液体	粉剂	颗粒剂		固体	液体
微生物菌剂	GB 20287—2006	≥2	≥2	≥1			

（续）

类别	执行标准	有效活菌数量（亿 cfu/g 或亿 cfu/mL）			有机质含量（以干基计,%）	总养分（N+P$_2$O$_5$+K$_2$O,%）	
		液体	粉剂	颗粒剂		固体	液体
复合微生物肥料	NY/T 798—2015	≥0.5	≥0.2	≥0.2	≥20	8.0~25.0	6.0~20.0
生物有机肥	NY 884—2012		≥0.2	≥0.2	≥40		

2. 微生物肥料的优点

微生物肥料是生物活性肥料，核心是微生物。微生物资源丰富，种类和功能繁多，可开发成不同功能、用途的肥料。在实际应用中，微生物肥料具有改良土壤等功效，提高土壤肥力，促进植物营养吸收，调节植物生长，提高植物抗病性、抗逆性，从而提高作物品质和产量，增加经济效益。另外，从环境资源角度来看，微生物肥料能减少化肥、农药用量，降低化肥重金属及农药残留等食品安全风险，同时具有资源再利用、无毒、无害、无污染、成本低的特点。

（1）改良土壤，提高土壤肥力 施用微生物肥料，通过微生物参与土壤养分转化、循环等重要过程，包括分解有机物和动植物残体，释放养分；转化复合物的化学形态，改变其有效性；分解杀虫剂和除草剂；产生抗生素或其他颉颃特性维持生态平衡或颉颃土传病害；产生黏合物质，利于土壤胶体和团粒结构形成；通过共生作用等为植物提供营养，能有效改良土壤。复合微生物肥料中的有机、无机营养及微生物可增加土壤中营养成分含量，从而提高土壤肥力。例如固氮微生物肥料，可以增加土壤中的氮素含量；多种溶磷、解钾微生物，如芽孢杆菌、假单胞菌的应用，可以将土壤中难溶的磷、钾分解出来，转变为作物能吸收利用的磷、钾化合物，使作物生长环境中的营养元素供应增加。微生物肥料中的有益微生物还可通过自身活动疏松土壤，降低土壤容重并提高孔隙度，提高土壤保水保肥及透气性能；增加生物多样性，调节微生物生态平衡。

（2）促进植物营养吸收、调节植物生长 微生物肥料会产生多种生理活性物质，包括植物激素类物质（如生长素、赤霉素、细胞分裂素、脱落酸、乙烯和酚类化合物及其衍生物）、有机酸、水杨酸和核酸类物质等，通过螯合作用、酸溶作用合成螯合铁蛋白、铁载体，促进植物根系对磷钾的吸收，增强植株光合作用，诱导开花，促进植物生长。有研究发现，固氮菌等能够产生多种活性物质，如生长素、泛酸、吡哆醇、硫胺素等，固氮菌培养物中可检测到吲哚乙酸；荧光假单孢菌的所有菌株均能产生赤霉素和类赤霉素物质，部分菌株还能产生吲哚乙酸，少数菌株能合成生物素和泛酸；丛枝菌根真菌能诱导牧草植株产生细胞分裂素，改变脱落酸与赤霉素的比例。

（3）提高植物抗病性、抗逆性　微生物肥料中的微生物对病原微生物能产生直接的颉颃作用，抑制它们的生长繁殖。有益微生物在作物根部定殖之后，大量生长、繁殖形成作物根际的优势菌群，通过对养分资源和生存空间的占用，对致病微生物产生竞争优势，从而抑制有害微生物的生长和繁殖，间接增强植物的抗病能力。同时微生物肥料中的有益微生物还可通过产生抗生素、分泌细胞壁降解酶、诱导植物系统抗性等方式，有效抑制病原微生物的生长。链霉菌作为生产抗生素的主要菌属，对许多植物病原菌具有较好的抑制效果，农业生产中常用于防病保苗。目前，细黄链霉菌是我国主要使用的具有抗生作用的链霉菌属中的常见菌种。前人研究发现，细黄链霉菌 AMYa-008 对尖孢镰刀菌、立枯丝核菌等 8 种常见植物病原真菌具有广谱抑制效果，但其作用机制还有待进一步研究。枯草芽孢杆菌作为我国微生物肥料中广泛使用的一种微生物，在植物抗病性方面具有巨大潜力。肖小露研究表明，枯草芽孢杆菌 BS193 抗菌粗提物中含有伊枯草菌素、丰原菌素、表面活性素 3 类脂肽类抗菌活性物质，显著抑制了辣椒疫霉菌菌丝生长。还有一些特殊的微生物，在特别恶劣的环境下，能够增强宿主植株的抗旱性、抗寒性和抗盐碱性，进一步提升植株的存活能力。

（4）改善作物品质，提高产量　根瘤菌固定的氮能输往籽粒，使豆科作物的籽粒蛋白质含量提高。有些微生物肥料能增加作物的维生素含量，降低叶菜类作物中的硝酸盐含量，提高果菜类作物中的糖分含量等。相关的研究人员将小麦、玉米、番茄以及马铃薯在种植区域内开展田间试验，实验证明，相同地区施用微生物肥料的番茄产量提高 11.6%、马铃薯 36.3%、小麦 4.8% 和玉米 18.1%。

（5）减少化肥用量，保护生态环境　微生物肥料的施用可以提高化肥利用率，能大大降低化肥用量，减少化肥对土壤和地表水造成的污染，保护生态环境，对减少资源浪费和保护环境起到一定的作用。据测算，我国每年因盲目施用化肥造成资源浪费达 100 万 t，经济损失 5 亿元之多，而且化肥用量大的地区，地下水污染问题日益严重。实践证明，微生物肥料代替部分化肥，可以缓解化肥施用不当（特别是氮肥的不合理施用）所带来的地力退化、环境污染及农产品品质下降等副作用，促进农业的可持续发展。

3. 微生物肥料的施用方式

根据 NY/T 1535—2007《肥料合理使用准则：微生物肥料》，微生物肥料的选择要基于有利于目的微生物生长、繁殖及其功能发挥，有利于目的微生物与农作物亲和、土壤环境相适应的三个基本原则，根据作物种类、土壤条件、气候条件及耕作方式选择适宜的微生物肥料产品。对于豆科作物，在选择根瘤菌菌剂时，应选择与之共生结瘤固氮的合格产品。在施用微生物肥料时，应根据需要确定微生物肥料的施用时期、次数及数量。为保证微生物活性，产品应贮存在阴凉干燥的场所，避免阳光直射和雨淋。

不同微生物肥料适宜的施用方式不同。

（1）液体菌剂

①拌种。将种子与稀释后的菌液混拌均匀，或用稀释后的菌液喷湿种子，待种子阴干后播种。

②浸种。将种子浸入稀释后的菌液 4～12h，捞出阴干，待种子露白时播种。

③喷施。将稀释后的菌液均匀喷施在叶片上。

④蘸根。幼苗移栽前将根部浸入稀释后的菌液中 10～20min。

⑤灌根。将稀释后的菌液浇灌于作物根部。

（2）固体菌剂

①拌种。将种子与菌剂充分混匀，使种子表面附着菌剂，阴干后播种。

②蘸根。将菌剂稀释后，幼苗移栽前将根部浸入稀释后的菌液中 10～20min。

③混播。将菌剂与种子混合后播种。

④混施。将菌剂与有机肥或细土/细沙混匀后施用。

（3）有机物料腐熟剂　将菌剂均匀拌入腐熟物料中，调节物料的水分、碳氮比等，堆置发酵并适时翻堆。

（4）复合微生物肥料和生物有机肥

①基肥。播种前或定植前单独或与其他肥料一起施入。

②种肥。将肥料施于种子附近，或与种子混播。对于复合微生物肥料，应避免与种子直接接触。

③追肥。在作物生长发育期间，采用条/沟施、灌根、喷施等方式补充施用。

4. 施用微生物肥料的注意事项

微生物肥料的主要成分是生物活性物质，主要提供有益的微生物群落，而不是提供矿质养分。任何一种类型的微生物肥料，都有其适用的土壤条件、作物种类、耕作方式、施用方法、施用量等，肥效的发挥既受其自身因素的影响，如肥料中所含菌种种类、有效菌数、有效活菌的纯度、活性大小等质量因素，又受外界因子的制约，如土壤水分、有机质、pH 等，因此微生物肥料从选择到应用都应注意合理性，只有选择好菌株的种类和菌株的来源，对症用菌，加之恰当的施用方法，才能保证微生物肥料发挥出应有的作用，取得较好的增产效果。

（1）仔细阅读说明书，避免长期开袋不用　使用前要阅读说明书，了解施用方法，并保证在有效期内使用。存放在干燥、通风、阴凉处，避免阳光暴晒，保证有效菌的存活。防止环境湿度过大、雨淋、温度变化大而引起肥料吸湿结块，肥力下降。肥料随买随用，不要长期囤积，开袋后及时用完，避免敞开后感染杂菌，使微生物菌群发生改变，影响其施用效果。

（2）创建适宜的土壤条件，见效需要一定时间　微生物肥料对土壤条件要求比较严格，施入土壤后，需要一个适应、生长、供养、繁殖的过程，一般15d后可以发挥作用，而且可以长期均衡地供给作物营养。合理调节土壤pH至6.5～7.5，若土壤出现盐渍化、板结等现象，要先多施有机肥、深耕中翻，且施用微生物肥料前要勤浇水，保持适宜的土壤湿度，严重干旱的土壤会影响微生物的生长繁殖，但也不能长期泡在水中，微生物肥料适合的土壤含水量为50％～70％。水田中选择适宜的厌氧菌产品，采用干湿灌溉，促进生物菌活动，为微生物的生存和繁殖提供良好的环境，以保证肥效。

（3）要与有机肥料合理搭配　有机质是土壤中微生物赖以生存的载体，土壤中有足够的有机质时微生物才能更好地生存、繁殖，产生并激活各类营养元素，为作物提供养分。因此微生物肥料应与有机肥搭配施用，但应避免与未充分腐熟的农家肥混用。未充分腐熟的农家肥在腐熟过程中会释放大量的热量，进而杀死微生物。可与适量的化肥配合施用，但应避免与过酸、过碱的肥料混合施用，避免化肥对微生物产生不利影响。

（4）应避免在高温或雨天施用　施用微生物肥料时要注意温、湿度的变化，在高温干旱条件下，微生物生存和繁殖会受到影响，不能充分发挥其作用。要结合盖土浇水等措施，避免微生物肥料受阳光直射或因水分不足而难以发挥作用。微生物肥料适宜施用的时间是清晨和傍晚或无雨阴天，这样还可以避免紫外线将微生物杀死。

第四章
灌溉施肥原则与实践方案

▣ 第一节 设施草莓灌溉基本原则

草莓植株在生长过程中，对水分要求十分严格，即喜欢水但不耐水。草莓根系分布比较浅，主要分布在距地表20cm左右的土层中（彩图4-1）。叶片大且多，造成水分蒸发量大。在草莓整个生长期既不断进行新老叶片更替和花芽分化，还要保证果实发育，所以要求有充足的水分供应。合理灌溉能保持植株健壮生长，获得较高产量、较好品质，降低病虫害的发生，提高水分利用率，节约资源。灌溉量过大或过小时，都会抑制草莓植株生长，灌溉量大，轻者导致草莓结果断茬，重者导致草莓死苗，从而造成草莓产量降低和草莓品质下降的情况发生。

一、草莓需水规律

目前，北京地区草莓冬季反季节栽培均在日光温室，采用滴灌方式灌水。滴灌与传统沟灌和水管浇灌相比较为节水，后两种灌溉方式用水量较大。利用水量平衡法，对京郊草莓的耗水规律进行了测定（彩图4-2）。草莓在花芽分化期、越冬期和开花结果期日均耗水量分别为71.9mL/（株·d）、58.1mL/（株·d）、74.8mL/（株·d），日均耗水量在开花结果期最高。草莓整个生育期日均耗水量呈现U形变化趋势，耗水量在越冬期变小，在开花结果期增大，日均耗水量最大值出现在开花结果期，为150mL/（株·d），整个生育期平均日耗水量为64.6mL/（株·d）（图4-1、图4-2）。

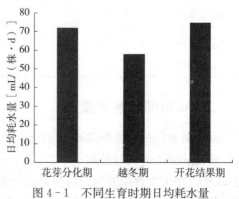

图4-1 不同生育时期日均耗水量

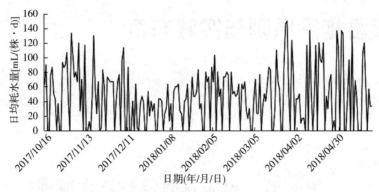

图 4-2 草莓日均耗水量动态变化

对草莓的日均耗水量与日累计光辐射能、日均温度和日均空气相对湿度进行相关性分析，从表 4-1 可以看出草莓日均耗水量和累计光辐射能呈正相关，和日均温度也呈正相关，和日均空气相对湿度则呈负相关。其中，日均耗水量和累计光辐射能相关性最强，累计光辐射能、日均温度和日均空气相对湿度之间也存在显著相关性，表明各个气象因子之间互相影响。同时将草莓日均耗水量作为因变量，各个气象因子作为自变量，使用 SPSS 软件进行线性回归分析，得到多元线性模型：

$$ET = 0.288X + 0.333Y - 0.096Z \quad R^2 = 0.559 \quad (4-1)$$

式中，ET 为草莓日均耗水量，mL/（株·d），X 为累计光辐射能，J/cm²；Y 为日均温度，℃；Z 为日均空气相对湿度，%。

表 4-1 草莓日均耗水量与气象因子之间的相关性

指标	日均耗水量	累计光辐射能	日均温度	日均空气相对湿度
日均耗水量	1	0.684**	0.509**	-0.519**
累计光辐射能	0.684**	1	0.389**	-0.698**
日均温度	0.509**	0.389**	1	-0.667**
日均湿度	-0.519**	-0.698**	-0.667**	1

二、草莓灌溉基本原则

草莓灌溉的核心原则是小水勤浇，生产中常出现一次性灌溉量偏大的现象。草莓从缓苗进入旺长期（9月3日）到草莓成熟罢园（5月20日）共灌水约 25 次。整个生育期灌水的核心原则是少量多次，保持湿而不涝，干而不旱。尤其冬季低温天气灌溉过量导致地温降低，草莓不结果或烂果，设施内湿度大导致病害发生严重。适当控水，果实着色好，品质也得到提高。草莓整个生育期较长，尤其进入果期，开花结果持续交织，灌溉既要考虑用水量也要考虑用水带肥，应根据天气、植株长势等灵活掌握，保证高产、高质、高效。

（一）合理安排灌溉时间

冬季晴天 10—15 时以前灌水较好，此时棚温较高，应避免清晨和傍晚灌水，以防引起草莓冻害。阴雨天、下雪天不宜灌水，平时应该关注未来 1 周的天气预报，保证灌水后有 2～3d 的晴天，以避免灌水后遇到阴雨天气，导致棚内湿度增大、地温下降。在灌水后 2d 内，中午可将棚温升至 28～30℃，闷棚 1h，以提高棚内地温，同时加大通风量，进行排湿降温。秋冬季大概 5～7d 灌溉 1 次，每次灌溉量 45～75m³/hm²。春天温度回升，蒸腾作用大，5d 左右灌溉 1 次为宜。如果天气晴转阴时，灌水量要逐渐减少，间隔时间适当拉长，具体间隔周期可视不同生育时期要求和田间持水量情况灵活调整。在草莓成熟期，准备采摘之前控水 10d 左右，棚内土壤持水量保持在 60% 左右，以增加果实着色度和含糖量，提升草莓果实口感。

（二）注意调控水温

草莓根系生长的适宜地温为 20℃ 左右，低于 15℃ 时根的伸长变慢，10℃ 以下养分吸收受限（特别是磷），因此要合理控制地温。当温度较低时，影响根系对矿质养分的吸收，导致植株缺乏无机营养，光合酶活性减弱，植株的光合作用受限，有机营养不足，在无机营养和有机营养都缺乏的情况下，植株自身的抗病能力也会变差。

因此灌溉用水要先在棚内缓冲提温，待水温与地温接近时再灌，最好不要直接使用河水、水库水和池塘中的冷水灌溉，可采用蓄水增温的办法，即在大棚内修建蓄水池或多放几个大桶，先将水经蓄水池提升温度后再灌溉（彩图 4-3）。灌溉完毕后，要关小甚至关闭通风口，使棚内温度达到 28℃ 以上，并稳定持续 1～3h，以提高地温。

（三）根据生育时期调控水分管理

在草莓定植前 3d 浇一次透水，有利于定植后缓苗。

定植时，需要保持充足的水分。定植后，缺水幼苗成活率低。缓苗前期，1d 喷 2 次水。缓苗后开始控水，控水有利于扎根和促花。

团棵期，草莓开始进行花芽分化，应适当控水，如灌溉量太大，草莓营养生长过旺，叶片生长快，疏叶的工作量较大，且不利于草莓花芽分化，导致草莓产量降低，并推迟草莓上市时间。但控水不可过量，土壤相对含水量控制在 60%～70% 较为合适。

旺长期，缺水使草莓植株矮小，叶面积偏小，影响草莓产量；水分充足有利于草莓植株发棵，快速增加叶面积；过度控水容易导致植株缺钙且花芽发育慢、花枝短从而推迟上市时间。现蕾期灌水过多，容易导致花枝过长，不利于农事操作。开花期灌水过多，湿度大，花药散开困难，不利于授粉，畸形果多。此阶段土壤相对含水量控制在 70%～80% 较为合适。

生产中后期，草莓一边花芽分化、一边开花结果，果实膨大期土壤相对含水量控制在 80%～90% 较为合适。此时缺水，影响草莓的膨大与转色，品质变差，易形成"铁果"，结果期灌水偏多，土壤透气性变差，根系缺氧沤根导致死亡。果实成熟期土壤含水量控制在 60%～70% 较为合适，水分过大不仅影响草莓品质，使口味变淡，而且还会造成烂果和不耐储运现象发生。

灌溉量对草莓产量影响较大。在一定范围内，草莓产量随着灌溉量增加呈现先增后减趋势。日光温室沙壤土质的情况下，适宜灌溉量为 2 550m³/hm²，草莓产量和糖酸比、维生素 C 含量较高，水分的生产效率较大。当灌溉量小于 2 550m³/hm² 时，产量随着灌溉量的增加呈递增的趋势；当灌溉量超过 2 550m³/hm² 时，产量呈下降趋势。

（四）根据种植模式调控水分管理

1. 土壤栽培

（1）灌溉次数　北京市昌平区草莓以日光温室促成栽培为主，9月上旬定植，12月下旬开始采收，一直采收至翌年4月。2016—2019年，各年全生育期灌水次数最多为 2016 年、2018 年，均灌水 59 次；最少为 2019 年，灌水 46 次；4 年全生育期平均灌水 54 次。

扣棚前后：秋季一般 2～3d 一次，尤其是早秋阶段，水分供应充足。扣棚保温后，大棚内温度较高，土壤水分蒸发量大，容易造成土壤缺水，草莓对水分的需求量很大，每 3～5d 灌溉一次，以"湿而不涝、干而不旱"为原则，采用膜下滴灌，以保持土壤水分，降低棚内空气湿度；进入 11 月之后气温较低，灌水后先提高室温，而后加大放风量，降低湿度，浇水不能过勤，但每次应灌透。

开花前后：开花前 1 周停止浇水；现蕾后新叶不断抽生，应及时浇水，防止生长受抑；开花后 15d 结合施肥浇水 1 次。坐果到成熟保持土壤湿润，小水勤浇，宜在 9—11 时进行，避免下午浇水，以防降低地温。

冬季盛果期：翌年 1 月草莓开始成熟，进入采摘期，此时的水分管理非常重要，若灌水量大，果实的品质易变劣，若灌水量小，草莓植株生长受阻。还要注意连续阴天或雨雪天气下，叶片蒸腾作用减弱，根系吸收水分减少，要减少灌溉量和灌溉次数，保持土壤半湿润状态。施肥浇水的最佳时间在 9—11 时，要避免下午浇水，以防降低地温。也可以前一天将水放入温室的施肥桶中，提高水温，减少因为水温低而降低土壤温度的现象，影响根系生长。冬季最少 10d 灌溉 1 次。

春季果实末期：3—5 月草莓在不同的生长阶段生长速度不同，消耗的水分也不同，所以浇水次数也不一样。春季是萌发季，也是花期。此时土壤可适当湿润，一般间隔 4～5d 浇水一次，注意控制水量，不能积水。

（2）灌溉时间　从生产实践角度，植株是否需水不完全取决于土壤是否湿润，主要看温室大棚内植株叶缘在早晨时是否"吐水"。如果叶片边缘有水滴，即出现泌溢或吐水现象，可以认为水分充足，根系吸收功能较强；相反，则表示植株缺水或吸收水分能力较差，需及时浇水。

一般草莓温室大棚灌水宜选在晴天上午进行，不宜在雪、雨天或者傍晚进行，否则易造成温室大棚空气湿度过大而引起病害。同时还要避开中午温度高时段灌溉，以免造成根际温度突然大幅降低，影响正常生长。每次灌溉时间不宜超过 2h，避免根际温度长期较低，不利草莓生长。如果草莓中午正处在开花授粉时段，容易影响授粉受精，产生畸形果、不挂果，在开花期应控水放风。

（3）灌溉量　草莓根系浅，叶片面积大，需水量多，但喜湿不耐涝，应合理掌握灌水量。灌水过多容易引起根系呼吸困难、窒息腐烂，植株吸水吸肥受阻，茎叶发黄，甚至枯死。当土壤含水量处于 100％状态超过 3h，易造成草莓根系缺氧沤根，使草莓易感病。冬季日光温室多层薄膜覆盖，放风量小，时间短，水温低，宜小水勤灌，根据田间持水量和草莓根系能忍耐的程度灌水，达到既不过量也不致缺水。要保证每次灌水量准确，对于灌水过量的要及时排水，可把垄中间的地膜掀开排出多余水汽，同时打开棚膜排湿。过多的流到垄中间的水，可在地上扎深孔，促进其渗流。单次灌水量宜控制在 30～60m³/hm²。

2. 基质栽培

基质栽培是指利用草炭、蛭石、珍珠岩等固体介质固定作物根系，通过营养液供给作物水分养分需求的一种新型种植模式（彩图4-4）。基质栽培可以有效缓解重茬导致的病虫害等连作问题；高架基质栽培还具有方便采摘、打杈等农事操作，节省用工；能实现精准水肥管理，促进草莓品质提升。近年来基质栽培受到种植者的喜爱，种植面积逐渐增加。

（1）水肥管理原则

水质良好：配制无土栽培营养液之前，一定要对当地灌溉水源进行元素检测，根据检测结果来确定灌溉水源是否适合。如果灌溉水源为硬水，则在配制营养液时需要将水中的钙、镁离子含量计算出来，并从营养液设定配方中减掉。酸碱度：pH 5.5～8.5 之间均可。悬浮物含量≤10mg/L，河水、水库水等要经过沉淀清澈之后才可用。氯化钠含量≤100mg/L。

少量多次：基质栽培条件下，植株营养供应均来自灌溉施肥，所以水肥管理对于基质栽培具有重要意义。因基质容积有限、缓冲性差，所以需要遵循"少量多次"的水肥管理原则。按照草莓的实际生长情况和天气变化情况对浇水时间、浇水量进行详细分析。如果天气晴朗，可以1d浇水3次，阴雨天时次数应减少。

确保有回液：在实际浇灌过程中要增加清水，这样能避免根部出现盐分积累的现象，确保基质保持湿润，以防积水。浇水后，基质会排出多余水分，水分排出2min左右，即可停止水分供应。

精准调控：草莓对于营养液浓度较为敏感，需要精准调控营养液的EC和pH，确保水肥环境适宜草莓根系生长。通过水肥一体化控制系统实现水肥的自动化统一调控，即根据草莓不同生育时期的营养需求和天气情况，提前设置好营养液的浓度、EC值、滴灌时间和次数。

（2）不同生育时期水分管理

苗期：在草莓刚定植后即缓苗期，保持基质湿润，EC值为0.5mS/cm，每天灌溉2~3次，每次3~5min，并根据天气情况每天叶面喷水2~3次。在草莓苗定植15d后，随水施用花前肥，控制肥液浓度为0.6%~0.8%、EC值为0.6mS/cm，每天灌溉1~3次，每次3~5min。

扣棚后由于基质水分蒸发、植株蒸腾作用，室内湿度非常高，草莓易滋生白粉病和灰霉病，需及时铺地膜，利用风口开闭通风降湿，控制棚室空气相对湿度在60%以下。

开花期：开花期属于产量形成的关键时期，植株需要充足的养分供给，确保果实形成，可以施用全水溶性肥料，肥料浓度控制在0.2%~0.3%。也可采用自行配置的营养液，营养液的EC值以1.0~1.5mS/cm较为适宜，根据天气状况，每天灌溉1~2次，每次有回液排出时即停止灌溉。

草莓开花期需要适当控制空气相对湿度，如果空气相对湿度超过80%，草莓的花粉不容易飞散，严重影响草莓授粉受精，影响草莓产量。除此之外，空气相对湿度较低一定程度上可防治部分病虫害，避免对草莓生长造成危害。开花期白天空气相对湿度控制在50%~60%，主要通过覆盖地膜、膜下灌溉及通风换气来降低湿度。种植户也可以在草莓现蕾后，在垄沟走道覆膜，避免土壤裸露在外，这样可以有效防止土壤内的水分蒸发，保证草莓生长发育所需要的水分。

结果期：11月底，草莓第一批花序坐果10d后，随水施用果肥，控制肥液浓度为1.0%~1.2%、EC值为1.2~1.8mS/cm，每天灌溉1~3次，每次3~5min。一般每株每天供水量为200~250mL，阴雨天则需适当控水。

果实膨大期，空气相对湿度应控制在70%以下，湿度过大会造成灰霉病的发生，要及时进行排湿处理。

三、草莓育苗灌溉管理

（一）塑料大棚避雨基质育苗

1. 母株

在北京地区，塑料大棚草莓母株3月下旬至4月上旬定植，在栽种母株2h内可采用随栽随浇的方式浇灌（彩图4-5），定植水要浇透，水分管理分阶段进行。

（1）定时自动灌溉　自动设施灌溉遵循小水勤浇的原则，每次不超过10min，一般在上午气温达到20℃左右时进行。3月每天浇水1~2次，分别于9时、11时开始滴灌，每次5~10min，一般每株每天供水量为250~500mL；4月每天浇水2~3次，分别于8时、10时、14时开始滴灌，每次5~10min；5—8月每天浇水3~4次，分别于8时、10时、12时、14时开始滴灌，每次5~10min。除了滴灌外，还可以配合喷灌喷施叶片。

（2）手动滴灌　根据生产情况手动灌溉，定植10d内，初春外界温度较低，每天浇1次水即可，保证根系水分充足，利于缓苗；定植10d后，每隔2~3d浇1次水，促进根系生长；定植20d后，根据基质墒情和天气情况合理灌溉，基质含水量一般保持在60%~70%即可。在灌溉过程中一定要注意栽培架的排水，避免积水造成沤根。

2. 子苗

（1）定时自动灌溉　定时自动灌溉具有省时省工的优点，一般在压苗后开始滴灌，扦插未成活前基质湿度保持在90%，成活后减少水分供应量。6月每天浇水1~2次，分别于9时、11时开始滴灌，每次3~5min，一般每株每天供水量为200~250mL；7—8月每天浇水2~3次，分别于8时、10时、14时开始滴灌，每次3~5min。

（2）手动灌溉　人工手动灌溉弥补了滴灌灌溉不均匀的缺点，用水管从子苗上方浇水1次，可根据基质的湿润状态每1~2d浇水1次，水要浇透。注意水流速度不宜过大，避免基质上下浮动，抻拉水管过程中注意不要压伤草莓苗。

（二）塑料大棚土壤栽培育苗

采用滴灌或畦间沟底浇水的方式供水。采用滴灌时，每畦栽种两行母株的情况下，正对两行母株铺设两条滴灌带，两行母株中间再铺设两条滴灌带；每畦栽种一行母株的情况下，正对畦中间母株铺一条滴灌带，母株两侧再各铺设一条滴灌带。沟底洇水是将水直接放入沟中，水深以不漫畦面为度，通过水分的渗透扩散作用进行供水，畦面渗透均匀后立即将沟底余水排出棚外。

母株定植后及时浇透定植水，缓苗后适当延长浇水间隔时间，每周浇水1

次，其间，保证畦面湿润。浇水遵循少量多次原则，可利用微喷灌或滴灌进行浇水，禁止大水漫灌。起苗前适当控水，高温干旱时应在早晨太阳未升起之前浇水，雨季注意排水，切勿造成育苗场地积水。

■ 第二节　设施草莓施肥基本原则与方案

一、草莓养分吸收特点

施肥是保证草莓产量和品质的关键要素之一。付晶晶（2018）研究表明，在草莓整个生育期中，单株所吸收的 N、P_2O_5、K_2O 分别为 0.58～0.65g、0.42～0.45g 和 1.11～1.12g，整个生育期对 N、P_2O_5、K_2O 的吸收比率为 1∶0.71∶1.97。不同器官中养分比例情况有所不同，苗期和现蕾期为茎叶（采集茎叶和植株生长茎叶之和）＞根部＞花果，现蕾期之后为茎叶＞花果＞根部。不同生育阶段养分吸收情况也不同，养分吸收的高峰期为苗期至现蕾期和结果中、后期，分别占 23％、26％和 28％。所以这 3 个时期是保证果实产量和品质的关键时期，需注意养分科学供应。草莓对矿质养分的吸收以氮、钾、钙、镁为主，同时磷、锰、铁、硼、锌、铜也比较重要。

（1）氮肥　氮具有促进植株叶片、根茎等健康发育和抗病虫害的作用，还具有生成淀粉和糖等的作用。植物生长如缺乏这种重要元素会造成叶片黄化，叶柄、株苗整体变硬、生长不良。植株老叶呈深绿色、新叶略呈淡绿色，舒展性好，则表明氮肥功效良好，作用发挥顺畅。

（2）钾肥　调整植物体液的作用，分解光合作用合成的淀粉转换成糖，促使果实甜美，作用于须根细胞分裂、增殖。从生长初期至收获末期都需要钾肥。缺少钾肥，叶片会从绿色变黄，引起白化，随后叶脉之间也会出现白化。钾肥的过剩会产生颉颃作用，引起植株缺钙和镁，抑制植物生长。

（3）钙肥　钙可以与细胞膜上的果胶结合，还可以中和通过呼吸作用产生的有机酸，有促进蛋白质合成的作用。如果钙缺乏，叶片失去光泽，出现叶脉白化等，还会引起新叶前端枯黄。基肥过多会造成钾的吸收过量，钙吸收不足，而高温干旱等很容易诱发钙吸收不良。

（4）镁肥　镁存在于叶绿素中，与光合作用相关，可促使新陈代谢旺盛，有助于蛋白、脂肪、磷发挥作用。镁的缺乏会影响叶绿素的生成，导致光合作用、生理作用下降，会引起富含叶绿素的叶脉之间出现黄化现象（白化）。出现黄化、黄橙色、红色将导致生长不良，这类缺乏症多发于下面的叶片。

（5）磷肥　与氮一样具有强壮根茎等作用。在新叶、花芽的生长点、新须根前端等的细胞分裂以及光合作用产生糖分、淀粉中发挥重要作用，磷肥还发挥着向新组织输送养分的作用。直到收获末期，磷肥都是必需的肥料。缺少磷肥将导致叶片出现暗绿色。一般情况下很少出现磷肥的匮乏（因为土壤中富含磷肥），多施用含秸秆、稻壳等碳源的有机物或堆肥，可以尽可能多的将吸收的活化磷形式保存下来，可促进磷的吸收。

（6）硼肥　硼对生长点产生作用，与受精作用也有很深的关系。缺乏硼，会引起新叶前端枯黄、叶片黄化、叶片前端及叶柄扭曲和矮化等现象。叶柄的输导组织（维管组织）出现软木化、萎缩、枯死。因授粉不完全，也会助长畸形果和不受精果的发生。

二、草莓施肥基本原则

根据北京市日光温室草莓的养分需求规律和土壤肥力现状，在调研主产区用肥的基础上，针对常规生产中存在化肥用量偏高、养分投入比例不合理、土壤氮磷钾养分积累明显等问题，结合草莓施肥参数，提出以下施肥原则：

（1）合理施用有机肥　可多种类型有机肥掺混施用，按土壤有机质含量确定有机肥用量。有机肥要经过充分腐熟，避免烧苗并减少病虫害在土壤中的滋生。在耕作过程中结合深翻施肥，使土、肥充分混合，不仅疏松土壤、减轻板结，改善土壤物理结构，而且减少养分在土壤表层的积聚。

（2）合理运筹养分供给　根据作物产量、茬口及土壤肥力条件合理施肥，减少底肥化肥用量。根据土壤养分含量确定底肥化肥用量，追肥宜"少量多次"。根据植株长势追肥，开花期若遇低温适当补充磷肥，促植株生长宜选用中氮低磷中钾水溶肥，结果初期至中期宜选择中氮低磷高钾水溶肥，着色至成熟期宜选择低氮低磷高钾水溶肥。

（3）注重补充中微量元素　草莓整个生育期各养分的需求量大小依次为：氮、钾、钙、镁、磷、锰、铁、硼、锌、铜。中、微量元素的补充可采取微灌和叶面喷施的方式施入。高钾土壤和果实成熟期过量施高钾水溶肥易诱发缺镁现象，注意适量补充镁肥，可选用农用硝酸钙、硫酸镁和螯合铁或其他相似微肥等。

（4）注重改良土壤　土壤退化的老棚应施含腐植酸和促生菌的生物有机肥，同时需进行秸秆还田或施用高碳氮比的有机肥，如秸秆类、牛粪、羊粪等，少施畜禽粪肥，降低养分富集，增加轮作次数。此外，严格进行土壤消毒，达到消除土壤盐渍化和减轻连作障碍目的。

三、肥料配方选择

根据草莓的养分需求规律和土壤肥力现状，提出了底肥和追肥推荐、选用配方，追肥推荐施用含腐植酸、氨基酸等生物刺激素的水溶肥料。具体见表4-2。

表4-2　草莓底肥和追肥推荐、选用配方

施肥时期	推荐配方 (N-P$_2$O$_5$-K$_2$O)	选用配方 (N-P$_2$O$_5$-K$_2$O)	备注
底肥	18-9-18	15-12-18、15-7-26、16-7-22、15-10-15、 15-5-20、 16-10-20 等	根据地力情况酌情施用
苗期至开花期	20-10-20	22-8-22 等	可选择养分比例相近的含氨基酸、腐植酸或有机无机水溶肥料
结果期	16-6-32	15-7-30、18-7-35、16-8-34、15-5-35、16-6-30 等	

四、设施草莓施肥方案

设施草莓施肥方案见表4-3。

表4-3　设施草莓微喷滴灌施肥方案

目标亩产 (kg)	N-P$_2$O$_5$-K$_2$O 亩养分量	基肥	追肥 (苗期—开花期)	追肥 (结果期)	
2 500~3 000	N-P$_2$O$_5$-K$_2$O 总养分 30~36kg，其中 N 10~12kg，P$_2$O$_5$ 7.5~9kg，K$_2$O 12.5~15kg	土壤中有机质含量高于 3%，可不施底肥；有机质含量 2%~3%，可亩施腐熟畜禽粪肥 1~2m³ 或商品有机肥 0.5~1t；有机质含量低于 2%，亩施腐熟畜禽粪肥 1~2m³ 或商品有机肥 1t 或生物有机肥 0.5t 及复合肥 (18-9-18 或类似配方) 10~15kg	开花前 20d 开始，每 5~7d 追施 1 次平衡水溶肥 (20-10-20 或类似配方)，每次每亩 2~3kg 扣棚保温后，根据植株长势冲施 1~2kg 磷酸二氢钾	进入结果期，特别是果实膨大期后，每 7~10d 亩追施 1 次高钾水溶肥 (16-6-32 或类似配方) 2.5~3kg	每茬果实采收后根据植株长势追施 1 次 (20-10-20 或类似配方) 水溶肥 2kg，促进植株生长 坐果后每 15~20d 补充 1 次全水溶性硝酸钙，每次每亩 2~3kg；每序花期随水亩追施 0.5kg 硼砂或叶面喷施 0.2% 硼砂溶液 1 次；若出现新叶黄化缺铁症状，注意补充螯合铁肥；钾肥施用过多会出现叶脉间失绿缺镁症状，注意调减钾肥用量并适当施镁肥
2 000~2 500	N-P$_2$O$_5$-K$_2$O 总养分 24~30kg，其中 N 8~10kg，P$_2$O$_5$ 6~7.5kg，K$_2$O 10~12.5kg	土壤中有机质含量高于 3%，可不施底肥；有机质含量 2%~3%，可亩施腐熟畜禽粪肥 1~2m³ 或商品有机肥 0.5~1t；有机质含量低于 2%，亩施腐熟畜禽粪肥 1~2m³ 或商品有机肥 1t 或生物有机肥 0.5t 及复合肥 (18-9-18 或类似配方) 8~10kg	开花前 20d 开始，每 5~7d 追施 1 次平衡水溶肥 (20-10-20 或类似配方)，每次每亩 2~3kg 扣棚保温后，根据植株长势冲施 1~2kg 磷酸二氢钾	进入结果期，特别是果实膨大期后，每 7~10d 亩追施一次高钾水溶肥 (16-6-32 或类似配方) 2~2.5kg	

■ 第三节 设施西瓜灌溉基本原则

一、西瓜需水规律

西瓜原产于非洲。它原本是葫芦科的野生植物，后来被培育成可食用的瓜类。早在 4 000 年前，埃及人种植西瓜，然后先从地中海沿岸到北欧，再进入中东、印度等地。4、5 世纪，西瓜从西域传入我国。从西瓜原产地分析，西瓜属耐旱作物（彩图 4-6）。

西瓜根系发达，主根入土深度达 1.5m 左右，侧根水平伸展范围可达 3m 左右，主侧根主要分布于土壤表层 30cm 左右的范围内。西瓜全生育期的需水规律是前期小后期大，幼苗期、伸蔓期、结瓜期的日均耗水量（ET）分别为 0.29L/（株·d）、0.76L/（株·d）、0.86L/（株·d）。全生育期平均日均耗水量为 0.75L/（株·d），总耗水量 1 014m³/hm²（图 4-3）。在西瓜生长前期，一方面由于本身生长量较小，需水较少；另一方面叶面积较小，蒸腾量不大，再加上当时气温较低（夏秋西瓜除外），土壤蒸发量小，耗水量少，因此，西瓜浇水次数少、浇水量也小。在西瓜生长中后期，生长量大，枝繁叶茂，蒸腾作用强，故需水量急剧增加，供水不足会直接影响西瓜产量。此时，外界气温较高，土壤蒸发强烈，故耗水较多，应增加浇水次数和浇水量，才能保证西瓜正常生长发育。西瓜灌溉应根据西瓜不同生育时期对水分的需求、不同季节的降水情况及土壤墒情而定。

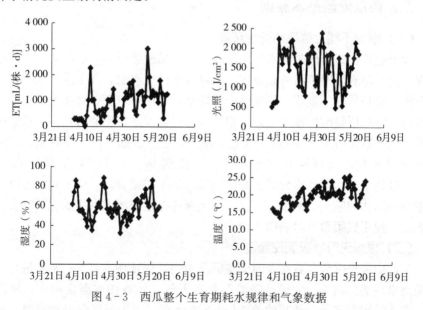

图 4-3 西瓜整个生育期耗水规律和气象数据

（一）幼苗期

西瓜幼苗期生长缓慢，需水量小，同时为了促进根系向深层扩展，一般幼苗期不进行灌溉，可以采用多次中耕松土来保墒。北方地区早春气候干燥，容易发生苗期缺水现象，为解决苗期不应缺水而又易缺水的矛盾，可采取灌足底水的方法解决，即播种或定植前浇足底水。西瓜保护地早春栽培若发生缺水时，一般采用滴灌或微喷的方式进行少量多次灌溉补水，以免降低地温。

（二）伸蔓期

西瓜进入伸蔓期后生长加速，需水量也相应增大，但从此阶段植株生长发育规律来看，应继续促进地下根系的伸展，适当控制茎叶生长，协调好营养生长与生殖生长的关系，以利开花结果。田间管理中仍以不浇水、少浇水、多中耕为原则。如土壤墒情明显不足，可采用滴灌或微喷的方式进行少量多次灌溉，以免造成土壤深层含水量偏高，影响根系向深层发展，降低后期抗旱能力。

（三）结果期

结果期的果实膨大阶段是西瓜一生中需水量最大的时期，此时果实迅速膨大，气温高，叶面蒸腾强烈，需要大量水分。为保证西瓜植株的正常生长，应根据不同生长季节掌握浇水时间。早春温度低，浇水应在上午进行，避免引起地温大幅下降影响根系生长。进入高温季节，浇水应在早晨或傍晚温度较低时进行，以防高温时浇水造成土壤温度骤然下降，影响根系生长。

二、西瓜灌溉基本原则

（一）根据不同土壤质地调控灌溉

沙土通透性好，但是保水保肥性差，后期易脱肥早衰，所以需要加强水肥管理，应采用滴灌等节水灌溉方式，少量多次供应水肥。黏土透气性差，地温回升慢，容易早春不发苗，应加强中耕排水，增施有机肥，提高土壤性能。西瓜种植最好选用弱酸性沙壤土，土壤通气性好，保水保肥能力强。西瓜定植后到采果期一直保持 10~40cm 土层处于湿润状态。根据不同生育时期，控制土壤相对含水量，伸蔓期 65%~75%，开花期 60%~65%，结果期 80%~90%。维持土壤均衡的水分状态是防止裂瓜的重要措施。对壤土和沙土可以用简单的指测法判断土壤的水分状况，当土壤能抓捏成团或者搓成泥条时表明水分充足，捏不成团散开时表明土壤干燥。

（二）根据天气状况调控灌溉

生产中需根据天气状况及时调整灌溉策略，保证棚内浇水在晴天进行，要避免浇水后遇到雨雪、大风、降温等恶劣天气，导致棚内湿度增大，地温降低。在连续阴雨多天后骤晴的前 2d 也不能浇水，应先提高棚温和地温，使植株基本恢复正常生长再浇水。按照"晴天适当多浇，阴天少浇或不浇，风雨雪天切忌浇水"的原则，早春最好选择晴天 10 时左右浇水，秋季最好选择晴天 12 时左右浇水，灌溉水温尽量与地温相近，若采用较冷的地面水灌溉，西瓜根系会受到刺激，进而影响植株生长。

（三）选择适宜灌溉方式

西瓜适宜的灌溉方式有膜下微喷、膜下滴灌等。通常一行西瓜安装一条微喷带，孔口朝上，覆膜。沙土对流量要求不高，但黏土应流量小，否则极易发生地表径流。微喷带的管径与铺设长度有关，以整条管带的出水均匀度达到 90％为宜。如采用滴灌，一种植行铺设一条滴灌管，覆膜或者直接铺在地面。滴头间距 20～50cm，流量 1.5～3.0L/h，沙土选大流量滴头，黏土选小流量滴头。

■ 第四节 设施西瓜施肥基本原则与方案

一、西瓜养分吸收特点

养分吸收规律是进行科学施肥的依据，西瓜的需肥量虽然比较大，但本身的根系比较脆弱，容易因肥力过剩而使得根系烧坏。西瓜从幼苗到成熟的整个生长过程，对于各种肥料的吸收有着不同程度的变化。

郭亚雯等（2020）研究表明，西瓜每形成 1 000kg 经济产量，N、P_2O_5 和 K_2O 需求量平均分别为 1.42、0.82 和 3.39kg。西瓜对氮、磷、钾三要素的吸收，总体以钾最多，氮次之，磷最少；不同生长阶段也有区别，营养生长期需氮多，生殖生长期需磷钾比例升高。整个生育期大中果型西瓜（华欣）吸收 $N：P_2O_5：K_2O$ 比例平均为 1.00：0.61：2.37，小型西瓜（早春红玉）吸收 $N：P_2O_5：K_2O$ 比例平均为 1.00：0.29：1.62（诸海焘，2014）。

西瓜对氮、磷、钾三要素的吸收基本与植株干重的增长相平衡。发芽期吸收量极小；幼苗期约占总吸收量的 0.54％；伸蔓期植株干重迅速增长，矿质营养吸收量增加，约占总吸收量的 14.66％；结果前期和中期吸收量最大，约占全期的 84.18％；结果后期由于基部叶衰老脱落及组织中养分含量降低，植株氮、磷、钾吸收量出现负值。

（1）幼苗期 从第一片真叶显露到团棵的阶段，地上部生长较为缓慢，对养分的吸收量比较小。

（2）伸蔓期 从团棵到主蔓第二雌花开花的阶段，对养分的吸收相比幼苗期有较大提高。该阶段要前促后控，提苗促秧扩大植株叶片光合面积，同时要平衡营养生长与生殖生长的关系，追肥量占肥料总量的 10％～15％。

（3）结果期　从第二雌花开花到果实生理成熟的阶段，对肥水的需求达到高峰，干物质积累量占总量的 70%，追肥量占化肥总用量的 60%～65%；从西瓜定个到果实成熟，对养分的吸收又开始下降。

二、西瓜施肥基本原则

1. 合理施用有机肥

有机肥可改善土壤结构，促进西瓜根系生长，减少土传病害的发生，对于西瓜产量提高和品质提升有明显的作用。有机肥要经过充分腐熟，以避免烧苗并减少病虫害在土壤中的滋生。在耕作过程中结合深翻施肥，使土、肥充分混合。连年种植的设施土壤养分较高，要合理施用有机肥。有机质高于 3% 的地块，可亩施腐熟农家肥 1m³ 或商品有机肥 0.5t；有机质含量为 2%～3%，可亩施腐熟农家肥 2～3m³ 或商品有机肥 1～1.5t；有机质含量低于 2%，亩施腐熟农家肥 3～4m³ 或商品有机肥 2t。此外，有机肥施用应符合 NY 525 的规定。

2. 控制施肥总量

科学施肥要根据化肥的利用率和土壤的养分状况以及西瓜的养分需求规律进行合理的规划和调整，确定合适的施肥时期、施肥种类、施肥位置、施肥量，有利于西瓜品质和产量的提升。一方面要控制施肥总量，目标亩产量 4 000kg，中等肥力土壤条件下建议大型西瓜和小型西瓜氮磷钾养分总用量分别不超过 41kg 和 35kg；另一方面减少基施化肥，以"少量多次"、水肥一体化追施为主，追肥占全生育期化肥总用量的 70%～80%。

3. 注重中微量元素肥料

中量元素钙、镁、硫，微量元素锌、硼、锰等，在西瓜体内虽然含量少，但起着重要作用。当缺乏时，会引起西瓜代谢混乱，影响生长发育，需注意适量补充。

4. 搭配施用生物刺激素类新型肥料

促生菌、腐植酸、海藻酸、氨基酸等生物刺激素类新型肥料可改善土壤环境，促进根系生长，提升植株抗性，提高产量及品质。例如，哈茨木霉菌在生物防治、促进植物生长、改善品质、耐盐等方面均有效果，可以在苗期、定植时和结果期随水施入以提升植株抗病性；氨基酸类生物刺激素，常见的有动物源鱼蛋白肥或植物源小肽肥，有易被作物叶片和根系等部位吸收的特点，利用其巨大的表面活性和吸附保持力，结果期与大量、中量、微量元素配施，可提高西瓜产量和品质。

三、设施西瓜施肥方案

设施西瓜施肥方案见表 4-4。

表 4-4　设施中肥力地块西瓜结果期施肥方案（目标亩产 4 000kg）

作物类型	时期		建议配方 N-P₂O₅-K₂O（或类似配比）	亩用量（kg）	备注
小果型西瓜	基肥		18-9-18	15～18	亩施腐熟农家肥 2～3m³ 或商品有机肥 1～1.5t
	追肥	伸蔓期	20-5-25＋TE 和海藻酸水溶肥	2～3 和 4～5	
		授粉后 7～10d	20-10-20＋TE	20	可配施含氨基酸类水溶肥
		授粉后 15～18d	15-5-30＋TE	16～17	可配施含氨基酸类水溶肥
		授粉后 23～26d	15-5-30＋TE	14～15	可配施含腐植酸类水溶肥
大中果型西瓜	基肥		18-9-18	19～20	亩施腐熟农家肥 2～3m³ 或商品有机肥 1～1.5t
	追肥	伸蔓期	18-5-27＋TE 和海藻酸水溶肥	3～4 和 4～5	
		授粉后 7～10d	20-10-20＋TE	13～14	可配施含氨基酸类水溶肥
		授粉后 15～18d	16-6-32＋TE	16～18	可配施含氨基酸类水溶肥
		授粉后 23～26d	16-6-32＋TE	15～17	可配施含腐植酸类水溶肥

■ 第五节　设施甜瓜灌溉基本原则

一、甜瓜需水规律

根据甜瓜近缘野生种和近缘栽培种的分布，一般认为非洲的几内亚是甜瓜的初级起源中心。甜瓜经古埃及传入中东、中亚一般中国（新疆）和印度，在中亚演化为厚皮甜瓜。我国是薄皮甜瓜的初级和次级起源中心。薄皮甜瓜根系比西瓜弱，根毛吸收的水分较少；厚皮甜瓜根系较西瓜旺，根毛也更发达。甜瓜叶片无深裂，同样大小的叶片，甜瓜比西瓜的蒸腾面积要大，所以甜瓜比西瓜对水分要求更高（彩图 4-7）。

甜瓜全生育期需要大量的水分，但是每个时期的需水量不同。甜瓜全生育期累积耗水量为 250～300mm，苗期耗水量为 0.8～1.6mm/d，花果期耗水量为 1.7～2.6mm/d，坐果后耗水量为 2.4～3.5mm/d，需要根据不同生育阶段，适当调控灌溉方案。总体而言，甜瓜灌水应遵循苗期轻灌、定植时透灌、开花前不灌、开花时轻灌、结果期重灌的原则。

（一）定植水

甜瓜定植当天需立刻浇水，刚定植的幼苗根系较脆弱，浇水量不宜过大，根据土壤含水量适量浇水，土壤湿度以 70%～80% 为宜。如果浇水量过大，导致土壤积水过多，容易造成幼苗根系腐烂。

（二）缓苗水

一般情况下，定植到进入团棵期不浇水，以利于根系向深层生长，增强植株后期的抗旱能力。如底水不足，遇土壤极端缺水，可视墒情酌情补水。尽量采用滴灌等节水灌溉方式，根据土壤含水量适量浇水，浇缓苗水需要在晴天进行，通风较好时滴灌30min，每亩灌溉量1.5～2.5m³，阴天、雾霾天不灌溉，如遇连续阴霾确需补水时可叶面喷施。

（三）伸蔓水

植株长出8～9片叶时，浇1次伸蔓水，根据墒情、苗情适量灌溉。坐果前，植株长势旺盛，蒸腾量增大，需再浇1次伸蔓水保证坐果期间土壤相对含水量适宜。伸蔓期间滴灌2～3次，每亩灌溉量15～20m³。开花后至甜瓜长至3cm大小时不再浇水，以防落花落果。

（四）膨瓜水

坐果后，果实迅速膨大，此时需水量最多，膨瓜期浇水要勤，水量要大。设施内大多数植株都已坐果，果实纵径长至3～5cm，当土壤相对含水量低于80%时需要灌溉，滴灌浇水3～4h，每亩灌溉量15～20m³，每隔7～10d浇1次小水，保证果实膨大。

（五）定瓜水

此时需水量少，滴灌浇水0.5～1h，每亩灌溉量2.5～5m³。早晚浇水比较适宜，切记大水漫灌，浇水要见干见湿、不干不浇、见干就浇；坐果前尽量不浇或者少浇；果实膨大期及时浇水，如果缺水严重，可以按株浇水；果实膨大后期，应控制浇水；果实接近成熟时，需水量大大减少控制浇水可促进果实成熟。采收前7～10d停止浇水，及时采收。

二、甜瓜灌溉基本原则

（一）造好底墒

充足的底墒条件有利于提高甜瓜定植成活率。为保证底墒，早春定植前15d左右浇足底水，秋季定植前5～6d交足底水，这样不仅可以保证土壤深层水分充足，还有利于提高（春茬）或降低（秋茬）土壤温度，促进甜瓜生根缓苗。

（二）适时浇水

甜瓜浇水应选择晴天进行，并确保浇水当日后的2～3d为晴朗天气，避免浇水后遇到连阴天、大风、暴雨等恶劣天气而导致棚内湿度增大，地温降低。早春灌水时间在10—12时，遇高温天气时，应在清晨气温升高之前完成浇水。午间气温过高，浇水会刺激根系生长。下午叶片干燥不会出现水珠，可以减少和避免发病。秋季可于下午浇水，但要加强通风，使叶片在夜间不致结露。阴雪天气不可灌水，以免降低地温影响根系生长，如果非灌水不可时也只能采用滴水方式救急，等待天晴后缓慢灌水，且灌水后要加强通风排湿。

（三）覆膜保墒

采用地膜覆盖等形式，减少土壤水分蒸发，同时提高地温。当温度升高，土壤水分变成蒸汽上升时受到地膜阻挡，凝结成水滴回到土壤，有利于改善棚内小气候，降低空气湿度，减少病虫害的发生；还可以减少地面板结发生，改善土壤结构，促进根系微生物活动和养分转化，提高养分利用率（彩图 4-8）。

（四）根据不同品种调控灌溉

甜瓜分为薄皮甜瓜和厚皮甜瓜两种，这两种甜瓜对水分的需求量不同。薄皮甜瓜植株纤细，叶片小，蒸腾作用弱，根系分布相对较浅，在灌水时特别是坐瓜后采用少量多次的方式，保证根部较高的土壤相对湿度；厚皮甜瓜植株粗壮，叶片大，蒸腾作用强，根系分布较深，吸收能力较强，坐瓜后要加大灌水，促进果实充分膨大。

（五）根据土壤墒情调控灌溉

甜瓜既需水又怕水，属于比较耐高温耐干旱的作物，如土壤过湿、水分过多，对甜瓜生长不利，通常要求 0～30cm 土层相对含水量以 70% 较为适宜。如果超过这个持水量，灌水量过大或次数过多，会使根系沤坏，根毛会在 48h 内死亡。所以一定要根据气候、土壤条件和季节的变化合理灌溉。

■ 第六节　设施甜瓜施肥基本原则与方案

一、甜瓜养分吸收特点

甜瓜是瓜类中熟性早晚差异最大的植物。不同类型、不同品种甜瓜的生育期长短差异很大。薄皮甜瓜的早熟品种，生育期仅 65～70d；厚皮甜瓜的早熟品种为 85d 左右，而厚皮甜瓜的晚熟品种如新疆的青皮红肉哈密瓜，生育期长达 150d。世界上各种类型、品种的甜瓜，虽然生育期的长短差异甚大，但从播种出苗到第一雌花开放的时间却相差不大，一般都在 48～55d。虽然各类甜瓜生育期长短不同，但都要经历相同的生长发育阶段，即发芽期、幼苗期、伸蔓期、开花期和结果期。

甜瓜每个阶段各有不同的生长特点和生长中心，其中伸蔓期是第 5 片真叶出现到第一雌花开放的时期，根茎叶生长旺盛，平均单株生长量达 114.98g，可适当追肥促进营养生长。追肥建议化肥与海藻酸等有生根作用的生物刺激素配合施用，达到促进根系和茎叶快速生长的目的，为开花坐果（生殖生长）奠定基础。结果期是从坐果节位雌花授粉到果实生理成熟，此期由营养生长转向生殖生长。这一时期是全株重量增加最快的时期，果实日增长量平均可达100~150g，水、肥、光照等条件对果实肥大的程度和干物质积累影响较大，科学施肥至关重要。根据甜瓜生长特点将结果期分为：结果前期，雌花开放到果实迅速膨大，一般7~9d，营养供给目标为促进幼果膨大；结果中期，果实迅速膨大到停止膨大，这一阶段时间长短因品种熟性而异，一般13~26d，营养供给目标为增加果实体积和重量；结果后期，果实停止膨大到成熟，不同品种时间不同，一般14~20d甚至更长，这一阶段茎叶和果实生长变缓，建议停止浇水追肥（留二茬果的情况除外）。

甜瓜吸收矿质营养与干物质的形成及糖分的积累密切相关，因此增施优质肥料是获得优质和高产的关键措施之一。甜瓜在整个生长发育过程中，需要不断吸取营养物质。碳、氢、氧元素可以从空气和水中获得，其他元素需从土壤中吸收，其中氮、磷、钾三要素需要量较多。甜瓜各生育时期对三要素有不同的要求，幼苗期以氮为主，磷、钾次之，施用一定数量的氮肥、磷肥有助于促进幼苗生长。开花至果实膨大期，氮、磷、钾都需要，以吸收氮和钾最为迅速，其次是磷。果实转熟期，植株生长基本停止，营养物质向果实内输送。这一阶段需磷和钾较多，磷和钾能促进果实中糖类的合成和转化，提高果实的品质和种子的饱满度。此时，如果施氮过多，体内蛋白质的合成超过碳水化合物的合成，促进营养体的生长而抑制果实的发育。

前人研究表明，薄皮甜瓜全生育期吸收 $N：P_2O_5：K_2O$ 比例平均为 $1：0.44：1.95$，厚皮光皮甜瓜全生育期吸收 $N：P_2O_5：K_2O$ 为 $1：0.49：1.83$，哈密瓜全生育期吸收 $N：P_2O_5：K_2O$ 比例平均为 $1：0.53：2.98$。

干物质累积量是衡量作物生长发育的重要指标。郭亚雯等（2020）比较了薄皮甜瓜（千玉6号）、厚皮光皮甜瓜（西农小籽早蜜）和哈密瓜（西州蜜25号）3种甜瓜不同生育时期干物累积特性表明，苗期—开花坐果期即营养生长阶段（33d）干物质累积占整个生育期的25%，坐果期—果实膨大期即生殖生长阶段（31d）干物质累积占整个生育期的71%。因此，果实膨大期是甜瓜快速生长期，此时实施水肥一体化可使水分和养分发挥最大效率，是关键的追肥时期。较高的干物质比例转移到经济器官中是实现优质高产的前提。

二、甜瓜施肥基本原则

1. 合理施用有机肥
甜瓜属直根系植物，根系发达，适宜土层深厚、有机质丰富、透气性好的壤土。有机肥可以疏松土壤、减轻板结，改善土壤物理结构，并减少养分在土壤表层的积聚。有机肥要充分腐熟，以避免烧苗并减少病虫害在土壤中的滋生。在耕作过程中结合深翻施肥，使土、肥充分混合。

2. 合理运筹养分供给

各地施肥时期和方法各有不同，建议根据甜瓜的目标产量、设施茬口及土壤肥力条件合理施肥。连年种植的设施地力养分含量较高，一方面要控制用肥总量，目标亩产3 500kg，中等地力地块建议氮磷钾养分总用量不超过35～42kg（不同类型甜瓜施肥量有区别）；另一方面减少基施化肥量，以"少量多次"追肥为主，伸蔓期追施全生育期化肥总量的5％～10％，结果前期追施全生育期化肥总量的20％～30％，结果中期追施全生育期化肥总量的30％～40％。

3. 注重补充中微量元素

中、微量元素对甜瓜的生长发育很重要，一旦缺乏会引起代谢混乱，生长发育受阻。如钙参与甜瓜体内糖和氮代谢，可减轻生理病害的发生；镁是叶绿素的组成元素之一，参与磷酸和糖的转化；硼是开花期敏感元素，缺乏容易影响坐瓜；高钾土壤和果实成熟期过量施高钾水溶肥易诱发缺镁的现象。

4. 搭配使用生物刺激素类新型肥料

促生菌、腐植酸、海藻酸、氨基酸等生物刺激素类新型肥料可改善土壤环境，促进甜瓜根系生长，提升植株抗性，提高产量及品质。例如，海藻酸水溶肥富含海藻酸、微量元素、有机质和细胞分裂素等多种物质，可以促进根系发育，提高根系活力。可以选择在伸蔓期追施海藻酸水溶肥，以保证植株营养生长但又不徒长。

三、设施甜瓜施肥方案

设施甜瓜施肥方案见表4-5。

表4-5 设施中肥力地块甜瓜结果期施肥方案（目标亩产3 500kg）

类型	时期	建议配方 N-P_2O_5-K_2O（或类似配比）	亩用量（kg）	备注
薄皮甜瓜	底肥	18-9-18	15～20	亩施腐熟农家肥2～3m^3或商品有机肥1.5～2t
	伸蔓期	20-10-20+TE 和海藻酸水溶肥	3～4和4～5	
	结果前期	18-5-27+TE	8～9	可配施氨基酸类水溶肥
	结果中期	16-6-32+TE	19～20	分次施入

（续）

类型	时期	建议配方 N-P$_2$O$_5$-K$_2$O（或类似配比）	亩用量（kg）	备注
光皮厚皮甜瓜	底肥	18-9-18	15～20	亩施腐熟农家肥 2m³ 或商品有机肥 1～1.5t
	伸蔓期	20-10-20＋TE 和海藻酸水溶肥	2～3 和 3～4	
	结果前期	15-5-30＋TE	7～8	可配施氨基酸类水溶肥
	结果中期	15-5-30＋TE	14～15	分次施入
哈密瓜	底肥	18-9-18	15～20	亩施腐熟农家肥 1m³ 或商品有机肥 0.8～1t
	伸蔓期	15-5-30＋TE 和海藻酸水溶肥	5～6 和 3～4	
	结果前期	15-5-38＋TE	8～9	可配施氨基酸类水溶肥
	结果中期	15-5-38＋TE	18～20	分次施入

● 第五章
水肥一体化技术

■ 第一节　水肥一体化技术概念和优势

一、水肥一体化技术的产生

水肥一体化技术是人类智慧的结晶，是生产力不断发展的产物，它的发展经历了 100 多年的历史。水肥一体化技术起源于无土栽培技术，并经历了 3 个阶段。

（一）水肥一体化技术萌芽阶段（18 世纪至 19 世纪中期）

自 18 世纪英国科学家 John Woodward 利用土壤提取液配制了第一份水培营养液，1859 年德国科学家 Sachs 和 Knop 首次提出能使植物生长良好的营养液的标准配方，实验室开始了营养液栽培技术应用。19 世纪中期，法国科学家布森高（Jean Baptiste Boussingault）利用惰性材料作植物生长介质进行营养液栽培，自此凡是在充满营养液的砂、砾石、蛭石、珍珠岩、稻壳、炉渣、岩棉、蔗渣等非天然土壤基质材料做成的种植床上种植植物均称为营养液栽培，因不用土壤，故又称无土栽培。1929 年，美国加利福尼亚大学的 W. F. Gericke 教授利用营养液成功培育出一株高 7.5m 的番茄，采收果实 14kg，自此无土栽培技术开始由试验转向商业化生产。

（二）水肥一体化技术完善阶段（19 世纪中期至 20 世纪中期）

随着无土栽培的商业化，水肥一体化技术初步形成。第二次世界大战加速了无土栽培的发展，美国在各个军事基地建立了大型的无土栽培农场。随着无土栽培技术日臻成熟，逐渐商业化。无土栽培的商业化生产始于荷兰、意大利、英国、德国、法国、西班牙、以色列等国家。之后，墨西哥、科威特及中美洲、南美洲、撒哈拉沙漠等土地贫瘠、水资源稀少的地区也开始推广无土栽培技术。塑料容器和塑料管件发展与平衡营养液配方促进了无土栽培深入发展，生产成本和管理费用均大大降低。

（三）水肥一体化技术成熟阶段（20 世纪中期至今）

20 世纪 50 年代，水肥一体化技术快速发展，并日趋成熟。20 世纪 50 年代中期，美国采用浇灌施肥规模很小，只在地面浇灌、漫灌和沟灌中应用。起初最常见的肥料有氨气、氨水和硝酸铵，因为浇灌水利用率很低，使得肥料利用率也很低。伴随波涌灌发展，地面浇灌水分供给愈加精确，紧接着又应用波涌阀注入肥料，极大提升了地面浇灌肥料利用率。在荷兰，自 20 世纪 50 年代初以来，温室数量大幅增加，经过浇灌系统施用的肥料量也大幅增加，水泵和用于实现养分精确供给的肥料混合罐也得到研制和开发。1959 年，以色列成功实施滴灌，与喷灌和沟灌相比，应用滴灌后番茄产量增加一倍，黄瓜产量增加两倍。20 世纪 60 年代，以色列开始大面积推广应用水肥一体化浇灌施肥技术，全国 43 万 hm² 耕地中大约有 20 万 hm² 应用加压浇灌系统。20 世纪 80 年代初，以色列开始将水肥一体化浇灌施肥技术应用到自动推进机械浇灌系统。进入 21 世纪以来，以色列农业（除辅助浇灌外）有 90％以上采取水肥一体化浇灌施肥技术。最初，因为使用肥料罐，浇灌施肥养分分布不均匀；之后采用文丘里施肥器和水压驱动肥料注射器，养分分布较为均衡；然后引入全电脑控制现代水肥一体化浇灌施肥技术设备，养分分布均匀度得到显著提升。液体肥料最适宜浇灌施肥，在以色列，液体肥料占总肥料的 80％以上。一些发达国家如以色列、美国、澳大利亚、西班牙、荷兰、塞浦路斯等，水肥一体化浇灌施肥技术已形成了完善的设备生产、肥料配制、推广和服务技术体系。

二、水肥一体化技术概念

从广义来讲，水肥一体化技术是水肥在土壤中能够满足作物生长发育所需要的最优组合比例，是水肥综合利用和协调发展的一体化管理模式。

从狭义来讲，水肥一体化技术是指利用管道灌溉系统，将肥料溶解在水中，同时进行灌溉与施肥，适时、适量地满足作物对水分和养分的需求，实现水肥同步管理和高效利用的节水农业技术。水肥一体化技术在国外被称为"Fertigation"，由"Fertilization（施肥）的 Ferti"和"Irrigation（灌溉）的gation"组合而成，意为灌溉和施肥相结合的一种技术。国内根据英文翻译成"水肥一体化""灌溉施肥""加肥灌溉""水肥耦合""随水施肥""管道施肥""肥水灌溉""肥水同灌"等多种叫法，目前"水肥一体化技术"被广泛接受。

水肥一体化技术的应用模式有喷灌、滴灌、微喷灌和膜下滴灌等，使用最为广泛的灌溉类型是滴灌和微喷灌。在生产实践中，需要根据不同作物种类、不同种植规模、不同种植模式及种植户需求，采用不同的水肥一体化模式。

在设施栽培中，智能型水肥一体化技术适用于具有一定规模、资金和科技力量雄厚且生产经济附加值较高的工厂化生产企业和现代化农业示范园区；膜下滴灌适用于设施蔬菜覆膜栽培，单棚采用压差式施肥罐或文丘里施肥器，多棚集中采用智能施肥机或注肥泵；微喷灌适用于设施育苗、花卉、食用菌栽培，安装悬挂式微喷头或自走式微喷设备，肥料按要求浓度用注肥泵注入，既保证栽培作物水肥要求，又保障环境内适宜湿度。

三、水肥一体化技术原则

水肥一体化技术是将灌溉与施肥融为一体的农业新技术，是精确施肥与精确灌溉相结合的产物。一般采用肥服从水、分阶段结合法，把作物各生育时期的施肥量分配到每次灌水中。水肥一体化技术遵循如下原则。

1. 水肥协同

水肥一体化技术综合考虑作物水分和养分管理，使两者相互配合、相互协调、相互促进。

2. 按需灌溉

在水肥一体化技术中，水分管理是根据作物需水规律，考虑施肥与水分的关系，运用工程设施、农艺、农机、生物、管理等措施，合理调控自然降水、灌溉水和土壤水等水资源，满足作物水分需求。

3. 按需供肥

在水肥一体化技术中，养分管理是根据作物需肥规律，考虑用水方式对施肥的影响，科学制订施肥方案，满足作物养分需求。

4. 少量多次

水肥一体化技术按照"肥随水走、少量多次、分阶段整合"的原则制定灌溉施肥制度。根据灌溉制度，将肥料按灌水时间和次数进行分配，充分利用灌溉系统进行施肥，适当增加追肥数量和追肥次数，实现少量多次，提高养分利用率。

5. 水肥平衡

水肥一体化技术根据作物需水需肥规律、土壤保水能力、土壤供肥保肥特性以及肥料效应，在合理灌溉的基础上，确定氮、磷、钾和中、微量元素的适宜用量与比例。

四、水肥一体化技术理论基础

在作物生长发育过程中，光照、温度、空气、水分和养分是作物生长发育的五大基础生长要素，一般情况下，光照、温度和空气与水分、养分相比难以人工调控。因此，水分和养分既是作物生长发育的重要因素，又是目前可调节的两大技术因子。

作物有两张"嘴"，根系是大嘴巴，叶片是小嘴巴。根是作物吸收养分和水分的主要器官，也是植物体内养分和水分运输的重要部位。大量营养元素通过根系吸收，叶面喷肥只能起补充作用。

作物根系吸收养分通常有 3 个过程。第一个过程称扩散，肥料溶解后进入土壤溶液，靠近根表的养分被吸收，浓度降低，远离根表的土壤溶液浓度相对较高，养分向低浓度根表移动，发生扩散，最终被根系吸收。第二个过程称质流，作物在有光照情况下叶片气孔张开，进行蒸腾作用，造成水分损失。根系必须源源不断地吸收水分供叶片蒸腾耗水。靠近根系的水分被吸收，远处水就会流向根表，溶解于水中的养分也跟着抵达根表，从而被根系吸收。第三个过程称截获，即养分恰好就在根系表面而被吸收。扩散和质流是最关键的养分吸收过程，且都离不开水这一媒介。所以，肥料一定要溶解在水里才能被吸收，肥料没有溶解，对作物而言是无效的。

作物根系吸收水分和养分，虽然是两个相对独立的过程，但对作物生长的作用却是相互影响的。无论是水分亏缺还是养分亏缺，都对作物生长产生不利影响。水肥相互耦合，对作物的生长发育起着更大的促进作用，有利于农业增产、增收。

水肥一体化技术的原理可以简单归结为：作物生长离不开水肥，根系是吸收水肥的主要器官，但肥必须溶解在水中才能被根系吸收，精准灌溉可以提高肥料利用率，缺水或缺肥都不利于作物生长；通过同时灌溉和施肥达到水肥同步，实现水肥高效利用。

五、水肥一体化技术构成

从工程实施方式上来分，大致包括水源工程、供水系统、水处理系统、水肥控制系统、田间输配水管网系统、数据收集控制系统六大部分。

1. 水源工程

只要水质符合灌溉要求，均可作为灌溉水源，包括江河、渠道、湖泊、井、水库等。为了充分利用各种水源进行灌溉，并使水质达到灌溉要求，往往需要修建引水、蓄水和提水工程，以及相应的输配电工程，这些统称为水源工程。

2. 供水系统

该系统主要包括供水水泵、变频、压力传感器（或远传压力表）、配电系统等，其功能主要是根据水肥一体化系统的需要将一台或多台水泵串联起来，利用变频技术将灌溉水加压到所需的压力范围内，通过各级管道输送到田间灌水器。供水系统是整个水肥一体化系统动力的主要来源，调节并控制系统的供水压力和水量，以满足灌溉要求。

3. 水处理系统

这里所说的水处理，是对水质进行初步的过滤、酸碱度调节，或者根据种植需求调节水的硬度等。对于以江河水、湖水等作为灌溉水源，水中杂质含量较多、水质较差，处理较为复杂，通常会做水净化、过滤等；而对于井水而言，则处理相对简单一些，只做过滤即可。当然，对于无土栽培，灌溉水还应进行严格的处理，以达到无土栽培对水质的要求。通常情况下，考虑到滴灌、微喷灌对水质要求较高，水肥一体化系统普遍配置过滤装置，包括离心过滤器、砂石过滤器、叠片过滤器等。

4. 水肥控制系统

水肥控制系统可以说是水肥一体化技术的核心部分，控制着整个水和肥的运行方式。常用设备是灌溉施肥机，通过有线或无线的方式控制灌溉单元电磁阀的启闭，实现手动或自动控制。虽然市场上的灌溉施肥机型号多样，样式不同，但功能比较相似。灌溉施肥机分为现场和远传操作两种控制方式，通常配有手动或自动两种模式。在手动模式下，可直接控制施肥泵和电磁阀的开闭。在自动模式下，可设置灌溉程序、灌溉日期、灌溉时间段、施肥时间或施肥量、EC 或 PE 值等，设备将按照设置好的参数进行灌溉和施肥。

5. 田间输配水管网系统

田间输配水管网系统一般由干管、支管、田间首部、毛管及灌水器组成。干管一般采用 PVC 管材，支管一般采用 PE 管材或 PVC 管材，管径根据流量进行配置，田间首部根据种植需求安装有过滤器、文丘里施肥器和电磁阀等，毛管目前多选用小管径 PE 管材或内镶式滴灌带、边缝迷宫式滴灌带等。干管或分干管的适端进水口处设闸阀，支管和辅管进水口处设球阀。输配水管网的作用是将处理过的水或肥，按照要求输送到灌水单元和灌水器。毛管是微灌系统的末一级管道，在滴灌系统中为滴灌管，在微喷系统中毛管上安装微喷头（彩图 5-1）。

6. 数据收集控制系统

数据收集控制系统涉及数据收集、传输、反馈及存储 4 个方面。数据收集主要是通过各种传感器采集包括土壤、空气、植物等环境或生物体的各种数据，以供控制系统使用。数据传输主要分为有线和无线传输两种方式，数据通过传输上传到上位机或者云平台。反馈主要是计算、分析各种运行数据，对各设备或电磁阀等输出点进行控制，达到所设定的参数，实现控制效果。存储是将采集的数据保存在本地服务器或云平台，不仅可以利用保存的数据对现场设备进行控制，还可以随时查看运行记录和历史数据。数据收集控制系统可以通过电脑软件或手机 App 进行操作，控制整个水肥一体化系统的运行，实现远程水肥管理。

六、水肥一体化技术优势

水肥一体化是发展现代农业的重要技术手段，是发展资源节约、环境友好的现代农业的"一号技术"。与传统施肥方法相比，水肥一体化技术使农业生产实现了 7 个转变：渠道输水向管道输水转变；被动灌溉向主动灌溉转变；浇地向浇庄稼转变；土壤施肥向作物施肥转变；水肥分开向水肥耦合转变；单一管理向综合管理转变；传统农业向现代农业转变。

（一）有利于提高水肥利用率

在传统耕作中，施肥和浇灌分开进行。肥料施入土壤后，因为没有立即灌水或灌水量不足，肥料存在于土壤中，并没有被根系充足吸收；而采用浇灌时即使土壤能够达成水分饱和，但浇灌时间很短，根系吸收养分时间也短。我国主要粮食作物水分生产效率只有发达国家的 1/2，化肥利用率低于发达国家 20% 以上，水肥资源浪费严重。

在水肥一体化技术条件下，肥料溶解后被直接输送到作物根系集中部位，湿润范围仅限于根系集中区域，水肥溶液最大程度均匀分布，充分确保了根系对养分快速吸收；微灌流量小，养分水滴缓慢渗透土壤，延长了作物对水肥吸收时间；当根区土壤水分饱和后可立即停止灌水，从而能够大大降低因为过量浇灌造成水肥向深层土壤渗漏损失，尤其是硝态氮和尿素淋失。由此可大大提高水肥利用率。露天条件下，微灌施肥与大水漫灌相比，节水率达 50% 左右；保护地栽培条件下，滴灌施肥与畦灌相比，每亩大棚一季节水 80～120m³，节水率为 30%～40%。在作物产量相近或相同的情况下，水肥一体化与传统施肥技术相比节省化肥 40%～50%。田间试验结果表明，采用水肥一体化技术，草莓节水 30%～70%，节肥 20%～89%；甜瓜节水 30%～37.5%，节肥 20%～34%；西瓜节水 39%～95%，节肥 29%～95%。

（二）有利于改善微生态环境

保护地栽培采用水肥一体化技术：一是明显降低棚内空气湿度。滴灌施肥与常规畦灌施肥相比，空气相对湿度可降低 10%～15%。二是保持棚内温度。滴灌施肥比常规畦灌施肥减少了通风降湿降温的次数，棚内温度一般高 2～4℃，有利于作物生长。三是增强微生物活性。滴灌施肥与常规畦灌施肥相比地温可提高 2.7℃，而且滴灌施肥土壤蒸发量小，保持土壤湿润时间长，有利于增强土壤微生物活性，促进作物对养分的吸收。四是有利于改善土壤物理性状。滴灌施肥均匀度可达 90% 以上，能够保持土壤良好水气情况，克服了因灌溉造成的土壤板结，土壤容重降低、孔隙度增加。

（三）有利于农业生态安全

采用水肥一体化技术：一是降低化肥对土壤和地下水的污染。滴灌施肥可以控制浇灌深度，避免将化肥淋洗至深层土壤，从而大大降低因为不合理施肥、过量施肥等对土壤和地下水造成污染，尤其是硝态氮淋溶损失能够大幅度降低。二是减少农药用量。滴管施肥可以减少病害的传播，特别是随水传播的病害，因为滴管是单株灌溉的；同时滴灌下水分向土壤入渗，地面相对干燥，降低了株行间湿度，在很大程度上抑制了作物病害的发生。微灌施肥下草莓、甜瓜和西瓜三种作物每亩农药用量可减少 15%～30%。

（四）有利于节省时间和劳动力

传统灌溉方式操作步骤繁琐且几乎全部依赖手动操作，费时费力。水肥一体化技术能够将灌溉、施肥、施药等多个生产环节整合为一体，种植户只需要完成施肥过程就能将多个步骤完成，从而有效减少后期除草、喷药的次数，达到省力的效果，提高劳作效率。与传统施肥方法相比，每亩草莓省工 6～10个，甜瓜省工2～5个，西瓜省工3～6个。

（五）有利于提高农业综合生产能力

应用水肥一体化技术，因为水肥协调平衡，既充分满足了作物的水分需求，又提供了全面高效的养分，作物生长潜力得到充分发挥，最终表现为高产、优质，进而实现高效益。试验证明，设施栽培采用水肥一体化技术，草莓增产 36.6%～72.4%；甜瓜增产 14.8%，可溶性糖含量提高 1%～3%；西瓜增产 8.0%～12.4%，可溶性糖含量提高 2%～9%，维生素 C 含量提高37.5%。水肥一体化技术经济效益包括增产、改善品质获得的效益和节省投入的效益。总体来说，设施栽培一般亩节省投入 400～700 元，其中节水电 85～130 元，节肥 130～250 元，节药 80～100 元，节省用工 150～200 元，节本增收 1 000～2 400 元。分作物来讲，草莓节水 350 元，节肥 700 元，节药 100元，节省用工 400 元，节本增收2 000元。甜瓜节水 11.5 元，节肥 198 元，节药 97.5 元，节省用工 200 元，节本增收 4 916 元。西瓜节水 71.8 元，节肥 42元，节省用工 275 元，节本增收 1 660 元。

（六）有利于提高农业抗旱减灾能力

应用水肥一体化技术微量浇灌，保持作物根系集中区域长期湿润，作物长势好，相对提升了作物抗逆能力，可确保丰产稳产；而人工浇灌地块，旱地水肥渗漏快、损失量大，作物成苗率低、产量低。我国每年旱灾发生面积3 亿～4 亿亩，成灾 2 亿多亩，绝收近 5 000 万亩，因旱损失粮食 500 亿 kg。应用水肥一体化技术可以节水 40%，以现有的农业灌溉水量可以扩大灌溉面积3 亿～4 亿亩。应用水肥一体化技术还可使作物在边际土壤条件下正常生长。如沙地或沙丘，因持水能力很差，水分几乎没有横向扩散，传统灌水易造成深层渗漏，大大影响作物正常生长。采取水肥一体化技术后，可确保作物在这些条件下正常生长。国外已经开始利用优异滴灌技术配套微灌施肥开发沙漠土地资源，并获得商品化作物栽培的成功经验。如以色列在南部沙漠地带广泛应用微灌施肥技术生产甜椒、番茄、花卉等，成为欧洲著名的冬季"菜篮子"和鲜花供给基地。我国有大量滨海盐土和盐碱土，如果采取膜下滴灌施肥，能够使这些障碍土壤也能生长作物。

（七）有利于现代农业发展

发展水肥一体化为农业标准化、自动化、规模化、集约化经营提供了条件。水肥一体化技术可依据作物养分需求规律，研制不同时期配方，为作物提供完全营养，做到缺什么补什么，实现准确施肥。如西瓜和草莓在营养生长期，氮比较关键；在开花结果期，需要氮、磷、钾、钙等多种养分；在果实发育期，钾需求增加。可依据浇灌时间和灌水器流量，计算作物单位面积所用肥料数量。按作物需肥规律随时施肥，如为有效提升地温、抑制杂草生长、预防土壤表层盐分累积、降低病害发生采用覆膜栽培时，因作物在需肥高峰时恰逢封行，传统施肥无法进行，而采取滴灌或膜下滴灌施肥则不受限制。对于集约化管理的农场或园区，能够在短时间内完成施肥任务，作物生长速率均匀一致，有利于合理安排田间作业。采用水肥一体化技术，灌水、施肥、施药都能实现标准化操作，均匀性高，产品长势均匀，商品性好；便于配备传感与控制设备，实现信息化自动化管理；大幅提高水、肥、地、人工效率，有利于发展现代农业。目前，水肥一体化是农业高质量发展的关键技术，正在普及推广。

七、水肥一体化技术在我国的发展

水分和肥料是作物生长不可缺少的基础条件，在农业生产中扮演着不可或缺的角色。我国地域广阔，种植的作物种类多、栽培方式多样、栽培季节性差异明显。然而农业生产中过量灌溉施肥导致水肥资源浪费、土壤酸化和水体环境污染等问题突出，对农业可持续发展和粮食安全生产带来了严峻挑战。我国现有水资源总量为 2.8 万亿 m^3，人均用水量仅为世界的 1/4，耕地平均共享水量仅为世界的 1/2，而且在时空分布上极不均匀，春季易干旱，夏季易洪涝。目前，我国许多地方地下水资源严重超采，导致地下水位下降，甚至出现地下漏斗，浅层地下水开采量已达到允许开采量的 90％。我国是农业大国，农业用水量大。据《中国水资源公报》可知，2015—2021 年，我国农业用水占用水总量一直保持在 61％～63％，2021 年农业用水量达 3 644.3 亿 m^3，占用水总量的 61.5％，比 2020 年增加 31.9 亿 m^3。同时，我国是化肥生产和使用大国。据国家统计局数据可知，2010—2021 年期间，全国化肥总产量为 7.68 亿 t，年均产量为 6 399.19 万 t，其中 2015 年化肥累计产量最高，达到了 7 627.40 万 t，2021 年化肥产量达到了 5 446 万 t，2022 年化肥累计产量为 5 573.3 万 t；2016—2021 年我国化肥年施用量为 5 250.65 万～6 022.60 万 t。

发达国家农业生产的经验表明，推广水肥一体化技术是"控水减肥"的重要途径，是实现农业可持续发展的关键。自 1974 年引进墨西哥的滴灌设备，我国开始了水肥一体化技术的探索。1980 年我国第一代成套滴灌设备研制生产成功，国产设备规模化生产基础逐渐形成，灌溉施肥的理论及应用技术日益被重视，水肥一体化技术开始大面积推广。为推进国内水肥一体化技术发展，国家相继出台了一系列政策：2007 年《关于推进农田节水工作的意见》将水肥一体化列为主推技术，要求强化技术集成与示范推广；2012 年《国家农业节水纲要（2012—2020）》提出加强水肥一体化的集成应用；2013 年《水肥一体化技术指导意见》提出确定主推技术模式，创新工作方法，着力推进水肥一体化技术本土化、轻型化和产业化；《全国农业可持续发展规划（2015—2030 年）》提出"一控两减三基本"目标；2017 年中央 1 号文件明确指出要大规模实施农业节水工程，与此同时还要加大水肥一体化等先进节水技术的推广力度；2019 年发布的《〈国家节水行动方案〉分工方案》指出，要大力推进水肥一体化技术，每年发展水肥一体化面积 133.3 万 hm²（2 000 万亩）。在政策支持下，大力发展水肥一体化的氛围已经形成，并且物联网智能化技术日趋成熟，为推广水肥一体化技术、精确调控水肥管理奠定了基础。截至 2020 年底，我国高效节水灌溉面积（低压管灌、喷灌、微灌）达到 0.23 亿 hm²，居世界第一；水肥一体化技术应用面积已超过 0.1 亿 hm²。我国灌溉用水的利用系数由 2015 年前的 0.3～0.4 提高到了 2020 年的 0.555（陕西）、2021 年的 0.561（宁夏）。2020 年我国水稻、小麦、玉米三大粮食作物化肥利用率 40.2%，比 2015 年提高 5 个百分点；农药利用率 40.6%，比 2015 年提高 4 个百分点。同时建立了符合我国国情的水肥一体化设备生产体系，喷头及其附属配件、滴灌管件、施肥装置、过滤器等配套产品基本齐全，逐步建立水肥一体化技术相关行业标准。水肥一体化技术在节水压采、渤海粮仓、蔬菜提质增效等重大工程实施中发挥着至关重要的作用。

但我国农业生产依然面临干旱缺水的严峻形势，与发达国家相比，水肥利用率还有很大提升空间。在农业用水增量有限、化肥使用量"零增长"的情况下，实现农业的绿色发展，水肥一体化是必由之路。未来，水肥一体化发展将呈现两大趋势：一是施肥设备趋向多功能、低能耗及精准化，二是水肥一体化系统更加信息化与智能化。

第二节 水肥一体化技术模式

一、滴灌水肥一体化技术模式

滴灌水肥一体化技术，是指灌溉与施肥融为一体的农业新技术，将肥料充分溶解后，借助压力系统，按土壤养分含量和作物种类的需肥规律与特点，将肥液与灌溉水一起，通过可控管道系统引入田间，再通过管道或滴头，把水分、养分定时定量并按比例供给到作物根系附近的土壤（彩图 5－2）。

（一）适用范围

滴灌水肥一体化技术模式（表 5－1）适用于具备水源条件、水质杂质较少的种植区域。目前京郊草莓 90％以上已经采用了滴灌等节水灌溉方式，利用注肥设备，即可实现水肥一体化，从而达到节省灌溉施肥用工、提高水肥利用率、提升草莓产量和品质等目的。滴灌水肥一体化技术也适用于西瓜、甜瓜生产。

表 5－1　滴灌水肥一体化技术模式

操作步骤		操作要求
整地做畦		小高畦，畦高 15～20cm，宽 60cm
滴灌带（管）铺设		根据株距选择相应滴头间距的滴灌管（带），一般 30cm。每畦中部铺 2 条滴灌管（带），间距 40cm
定植		定植前先灌溉，检查跑冒滴漏。将苗定植于滴头附近
灌溉操作		先将支管的控制阀完全打开，再打开主阀门。结束时先切断动力，然后立即关闭控制阀
施肥操作	肥料选择	要求：全水溶性、全营养性、弱酸性，各元素间不发生颉颃作用 产品：商品滴灌肥或者尿素、硝酸钾、硝酸铵、磷酸氢二铵、硫酸钾、氯化钾、磷酸二氢钾、硝酸钙、硫酸镁等
	肥料准备	全水溶肥料可随时溶解。溶解性差的肥料可在施肥前一天溶于水中，施肥时用纱布（网）过滤后将上清液倒入施肥容器
	压差式施肥罐	压差式施肥罐与主管上的调压阀并联，进水管通至罐底，拧紧罐盖，打开进水阀，待注满水再打开出水阀，调节主管阀门以调节施肥速度。667m^2 内的温室选择体积为 16L 的施肥罐即可
	文丘里施肥器	文丘里施肥器与主管阀门并联，将事先溶解好并混匀的肥液倒入敞开容器，将吸头放入肥液，吸头上安装过滤网且距容器底部 10cm 以上。打开吸管上阀门并调节主管上的阀门以调节施肥速度
	注意事项	①浓度控制，一般 1m^3 水加入 0.4～1.0kg 纯养分。②施肥前先灌水 20～30min，施肥后清水冲洗管道 5～10min
系统维护		①每次灌溉结束清洗过滤器。②定期清理施肥罐底部残渣。③根据水质定期将所有滴灌管尾部敞开，加大水压将滴灌管内的污物冲出。④如发生轻微堵塞，可在作物休闲期用 30％稀盐酸溶液注入滴灌管，20min 后清水冲洗

（二）技术特点

滴灌水肥一体化可以实现局部灌水施肥，相对于常规灌溉节水 50％左右，节肥 30％左右；降低空气湿度，减少作物病害；减少灌溉水的深层渗漏和地下水污染；有利于保持良好的土壤结构，减轻土壤退化；滴灌施肥的同时可以进行其他农事操作，节省人工；有利于提高作物产量和品质。

(三) 系统组成

灌溉施肥系统主要由水源、首部枢纽和输配水管网三部分组成，系统安装应符合 GB/T 50363 相关要求。

水源包括地下水、雨水、河水等，水质应符合 GB 5084 及 GB/T 50485 要求，供水量充足，供水强度适当。灌溉水质的好坏，对土壤理化性状和作物生长影响较大，特别是在没有淋洗条件的设施生产中，长期采用电导率高的水进行灌溉，会影响作物生长，导致土壤盐分累积。同时一些关键离子含量的多少，直接决定是否可以种植某种作物，比如地下水氯离子含量较高的地区，不适合种植忌氯作物，制定灌溉施肥制度也需要综合考虑灌溉水中离子含量。不恰当的农事操作，比如过量施肥会导致地下水污染，产生水体富营养化等后果，化肥特别是氮肥的大量施用，会发生硝酸盐污染，水中的重金属等含量也决定产地是否可以作为无公害农产品和绿色食品的生产地。

首部枢纽的主要作用是将地下水经过加压、过滤等处理，与溶解好的肥料溶液混合后，稳定地输送到田间管路。核心部件包括加压设备、计量设备、控制设备、安全保护设备和施肥设备等。北京市草莓主要采用滴灌水肥一体化方式灌溉施肥，所以应配备变频设备，确保灌溉的稳定性和均匀性，规模化种植户可在机井首部配套施肥机等集约化施肥设备，其余可在每个棚室单独配备文丘里等简易施肥器。

输配水管网主要包括干管、支管和毛管等三级管道，主要作用是将灌溉水以及肥料溶液输送到作物根系附近。设施草莓棚内灌溉系统主要由支管和灌水器组成，种植户需根据棚室条件选配合适的管道，如果棚室较长，应将支管铺设于中间位置，在每垄中间位置连接滴灌带，建议每垄铺设 2 根滴灌带，起垄后铺设在草莓两行中间，使用前应检查漏水和堵塞情况。

应根据田块面积、机井压力和种植方式等基本情况，选用合适的施肥设备，如缺少电源条件，可优先选用水动力施肥设备或者便携式注肥装置。规模化生产草莓园区，可以选用机井首部水肥一体机施肥装置。应根据单次施肥面积，选配适当大小的施肥容器，选择耐腐蚀性强的材料，宜选用黑色敞口施肥罐。

此外，灌溉施肥系统需加强维护保养，延长使用寿命。应根据水质情况，定期清洗灌水器和过滤器等，可以定期打开每条滴灌带/管末端进行冲洗，过滤器进行拆卸清洗。每次施肥结束后，用清水冲洗管道 2~3min，避免系统堵塞。夏季高温季节，注意灌溉施肥系统首部遮挡，防止损伤。

(四) 技术操作

1. 整地做畦

日光温室草莓一般在 8 月中下旬定植，翌年 1 月中旬至 5 月底采收。一般行距 20～25cm，株距 17～20cm，每畦栽两行。定植前需整地、施底肥、做畦、铺设滴灌设备、安装施肥器等。做小高畦：畦宽 40～50cm，畦沟宽 30～40cm，畦高 20～25cm。施底肥：腐熟鸡粪 45～75m³/hm²，腐熟饼肥 2 250～3 000kg/hm²，复合肥 300～450kg/hm²，钙镁磷肥 300～450kg/hm²。

日光温室冬春茬西瓜一般在 1 月上旬至中旬育苗，2 月上中旬定植，大棚春茬西瓜定植和育苗均推迟 1 个半月左右。定植时行距 105～110cm，株距 70～80cm，每行西瓜铺 1 条滴灌管。铺设滴灌管后盖地膜封好。移栽前 10d 造墒，底施有机肥 22.5t/hm²、过磷酸钙 375kg/hm²、复合肥（15∶15∶15）3 300kg/hm²，整地做畦。

2. 系统铺设

建议每垄铺设两条滴灌管（带），滴头朝上，滴头间距一般 30cm。如果用旧滴灌带，一定要检查其漏水和堵塞情况。施肥装置一般为压差式施肥罐或文丘里施肥器，施肥罐容积不低于 15L，最好采用深颜色的筒体，以免紫外线照射产生藻类而堵塞滴灌系统。

3. 肥料选择

（1）肥料要求　常温下能够溶解于灌溉水，与其他肥料混合不产生沉淀，不会引起灌溉水酸碱度的剧烈变化，对滴灌系统腐蚀性较小。

（2）常用肥料　一般分为自制肥和专用肥。自制肥是指选用溶解性好的单质肥料或复合肥料临时配制的滴灌肥，原料一般选用尿素、磷酸二氢钾、硝酸钾、硝酸铵、工业或食品级磷酸一铵、硝酸钙、磷酸、硝酸镁等。由于自制肥的各元素（尤其是微量元素）间有一定的颉颃反应，会产生沉淀而堵塞滴灌系统，建议使用滴灌专用肥。液体肥适用滴灌施肥。

4. 灌溉施肥方案

（1）草莓滴灌施肥方案　设施草莓宜采用膜下滴灌形式进行灌溉，定植时浇透水，定植 1 周内需小水勤浇，促进缓苗，缓苗后覆盖地膜，灌溉遵循"湿而不涝、干而不旱"的原则。草莓在不同生育阶段水分需求不同，应该根据草莓耗水量调整灌溉策略，苗期视天气情况滴灌 5～7 次，每次灌水 33～45m³/hm²，保持土壤相对含水量 80%左右；缓苗后至开花期每 3～10d 灌 1 次水，每次 30～45m³/hm²，保持土壤相对含水量在 50%～60%之间；开花结果盛期每 3～8d 滴灌 1 次，每次滴灌 230～345m³/hm²，保持土壤相对含水量在 70%～80%之间。高架基质栽培中栽培槽内基质体积较小，缓冲能力低，水肥管理要遵循"少量多次"的原则，天气晴暖时，每天灌水 2～4 次，阴天时，次数减少，单次灌溉至有水分排出 2min 左右，即可停止灌溉。

在施足底肥的基础上，草莓现蕾开花后开始追肥，采用水肥一体化形式施用全水溶性肥料（水不溶物≤5%），按照 NY/T 496—2002 规定合理施肥，选用的肥料应是已经登记或者免于登记的肥料。肥料要充分搅拌溶解，氮磷钾比符合（1～1.2）：0.5：（1.4～2），单次肥料用量为 45～60kg/hm²。为了提高果实品质，选择晴天上午，叶面喷施 0.2% 的钙、镁、硼、铁等微量元素。基质栽培采用营养液形式灌溉施肥，根据草莓生长阶段调整营养液浓度，苗期营养液 EC 值可控制在 0.4～1.0mS/cm，初花期 EC 值为 0.8～1.2mS/cm，初花至采收始期 EC 值为 1.0～1.6mS/cm，开花结果盛期 EC 值为 1.2～1.8mS/cm。若使用草莓专用全水溶性复合肥，肥水浓度控制在 0.2%～0.3%。灌溉施肥最好选择晴天的上午进行（表 5-2）。

表 5-2 草莓滴灌施肥制度

生育时期	灌溉次数	灌水定额 (mm)	每次加入灌溉水中的纯养分量（kg/hm²）			
			N	P₂O₅	K₂O	合计
定植前	1	22.5	120	120	120	360
花芽分化期	7	9.5	6.2	3.7	3.7	13.6
越冬期	13	7.1	6.3	8.0	8.0	22.3
盛果期	8	12.2	19.4	9.4	31.6	60.4
尾果期	5	11.1	12.8	7.0	23.8	43.6
合计	34	334.4	435.5	444.1	740.4	1 620.3

注：适于华北地区日光温室草莓，目标产量 35t/hm²。

（2）西瓜、甜瓜滴灌施肥方案　定植后及时浇一次透水，滴灌灌水 300～375m³/hm²。苗期每 7～10d 滴灌一次，每次 75～120m³/hm²；伸蔓期每 7～10d 滴灌一次，每次 120～150m³/hm²；膨大期每 6～8d 滴灌一次，每次 120～150m³/hm²。

苗期每次随灌溉施用 45～75kg/hm² 水溶肥（20-20-20）；伸蔓期每次施用 75～120kg/hm² 水溶肥（20-20-20）；膨大期每次施用 75～120kg/hm² 水溶肥（16：8：34）（表 5-3）。

表 5-3 西瓜、甜瓜滴灌施肥制度

生育时期	灌溉次数	灌水定额 (mm)	每次加入灌溉水中的纯养分量（kg/hm²）			
			N	P₂O₅	K₂O	合计
定植前	1	27	0	45	30	75
苗期	1	13.5	30	22.5	22.5	75
抽蔓期	2	18.9	37.5	15	37.5	90
膨大期	4	21.6	45	7.5	60	112.5
合计	8	164.7	285	127.5	367.5	277.5

注：适于华北地区大棚小西瓜，目标产量 36t/hm²。

5. 系统操作

（1）肥料溶解　按照滴灌施肥的要求，先将肥料溶解于水，然后将过滤后的肥液倒入施肥罐中（采用压差式施肥法时），或倒入敞开的塑料桶中（采用文丘里施肥法时）。

（2）施肥操作　滴灌加肥一般在灌水 20～30min 后进行。

压差式施肥法：压差式施肥罐与主管上的调压阀并联，施肥罐的进水管要达罐底。施肥时，拧紧罐盖，打开罐的进水阀，注满水后再打开罐的出水阀，调节压差以保持施肥速度正常。加肥时间一般控制在 40～60min，防止施肥不均或不足。

文丘里施肥法：文丘里施肥器与主管上的阀门并联，将事先溶解好的肥液倒入敞开的容器中，然后将文丘里施肥器的吸头放入肥液中。吸头应有过滤网，且不要放在容器的底部。打开吸管上阀门并调节主管上的阀门，使吸管能够均匀稳定地吸取肥液。

（3）系统维护　每次施肥结束后继续滴灌 5～10min，以冲洗管道。滴灌施肥系统运行一个生长季后，应打开过滤器下部的排污阀放污，清洗过滤网。施肥罐底部的残渣要经常清理，每 3 次滴灌施肥后，将每条滴灌管（带）末端打开进行冲洗。如果水中碳酸盐含量较高，每一个生长季后，将 30% 的稀盐酸溶液（40～50L）注入滴灌管（带），保留 20min，然后用清水冲洗。

（五）应用效果

在北京进行滴灌水肥一体化技术模式集成示范，建立草莓和西瓜、甜瓜示范区 8 个（彩图 5-3），示范面积 500 亩，示范点每立方米水产出草莓 10.5kg、每千克化肥产出率 11.2kg，与传统方式相比分别提高了 38.9% 和 35.8%。与常规沟灌施肥相比，小西瓜节水 750m³/hm²，节约纯养分 252kg/hm²；单位体积水产出提高 12.4kg，每千克化肥的产出提高 7.2kg。

二、微喷水肥一体化技术模式

微喷水肥一体化技术是在作物种植畦上铺设薄壁多孔式塑料水带、覆盖地膜，微喷带铺设于膜下，将水肥通过微喷管道直接注入作物根系附近。

（一）适用范围

微喷带出水量较大，不容易堵塞，但是对于水源压力要求较高，压力不足会造成管道末端喷幅不够，影响灌溉均匀度。所以微喷水肥一体化技术模式（表5-4）适用于机井压力充足、集中用井、排队浇水、需短时间内完成灌溉的西瓜、甜瓜等集中产区的种植户。

表 5-4 微喷水肥一体化技术模式

操作步骤		操作要求
整地做畦		小高畦，畦高 15～20cm、宽 60cm
微喷带铺设		根据株距选择微喷带，每畦中部铺 1～2 条微喷带，铺设条数视带宽和孔间距而定。一般折径 40mm，孔距 25cm，斜 3 孔，铺设 2 条为宜
定植		定植前先灌溉，检查是否有跑冒滴漏。将苗定植于出水孔附近
灌溉操作		先将支管的控制阀完全打开，视当地水源压力出水量和灌溉均匀度，选择一次灌溉或分区域灌溉
施肥操作	肥料选择	要求：全营养性、弱酸性，各元素间不发生颉颃作用 产品：商品冲施肥或者尿素、硝酸钾、硝酸铵、磷酸氢二铵、硫酸钾、氯化钾、磷酸二氢钾、硝酸钙、硫酸镁等
	肥料准备	水溶肥料可随时溶解。溶解性差的肥料应先置于化肥池（桶）底部，可在施肥前一天溶于水中
	施肥容器	容积 1t 以上的池子或水桶
	吸肥设备	吸程 6m、流量 6m³/h 的自吸泵，或文丘里施肥器、压差式施肥罐等水动力施肥器
	注意事项	①肥液浓度控制，一般 1m³ 水中加入 0.4～1.0kg 纯养分。②施肥前先灌水 5min，施肥后清水冲洗管道5～10min
系统维护		①定期清理施肥罐底部残渣。②定期检查自吸泵叶轮有无杂物缠绕，保证正常工作。③如微喷带发生漏水，可将漏水处剪掉，直通接头

（二）技术特点

灌溉时微喷带如降水般将水喷射到地膜，被拦截至土壤，具有省水、省肥、省人工等优点；同时灌溉材料投资成本低，亩投入成本仅需 300～500 元；高效实用，抗堵性强，除堵方便；有效降低因灌溉导致的空气湿度增加，减少作物因低温、潮湿引起的病虫害，提高产量和品质。

（三）系统组成

灌溉系统主要包括首部枢纽、输配水管网和灌水器等几个部分。首部枢纽工程是灌溉系统中非常重要的组成部分，主要由水泵等动力设备、过滤设备、施肥装置、控制阀门、进排气阀、压力表、流量计等设备组成，其主要作用是从水源中取水经加压过滤后，输送到输配水管网中。根据灌区面积的不同设计输配水管网，在保证灌溉均匀度的前提下，尽量节约工程成本。输配水管网通常包括干管、支管和毛管 3 级管道，微喷带毛管是微灌系统末级管道，其上安装或连接灌水器。微喷带是灌溉系统末端最关键的部件，是直接向作物灌水的设备，其作用是消减压力，将水流变为喷洒状。

施肥系统按照肥料浓度控制方式，可以分为按数量控制施肥和按比例控制施肥两种。按数量控制施肥是指施肥时只需把每次需要的肥料总量施入即可，不注重肥液浓度是否均匀，随着灌溉施肥进程的推进，施肥浓度可能会逐渐降低，最后趋于零。按比例施肥是指在施肥时按照一定的比例将肥料均匀施入，既考虑施肥总量又注重施肥浓度，需要采用特定的施肥设备，确保肥液浓度均匀。西瓜、甜瓜生产中常见的施肥设备包括压差式施肥罐、文丘里施肥器、比例施肥器、注肥泵和水肥一体机等。

（四）技术操作

1. 整地做畦

北京市春大棚西瓜育苗一般在 1 月下旬至 2 月上旬，3 月中下旬定植；秋大棚育苗在 5 月下旬至 7 月上旬，1 个月以后定植。密度 10 200～10 500 株/hm²，行距 105～110cm，株距 70～80cm。施底肥：有机肥 52.5～120t/hm²，复合肥（15：15：15）750kg/hm²，硫酸钾 225kg/hm²，并充分混匀覆土。深翻土壤，整平后，按大小行作小高畦，畦宽 40～60cm，高 50cm；沟宽 70～80cm，平均行距 60～70cm。

2. 系统铺设

双行定植建议铺设两条微喷带，主管道选用直径 50mm、支管道选用直径 33mm 或 40mm 喷管。外管需做一个变径（100mm 变 50mm）与水利系统连接的三通管接头，接头上最好带一个直径 15mm 的球阀与施肥泵连接，以便将肥料压入管道，实现水肥一体化。微喷灌溉管道采用直喷，没有稳压系统，要保证系统压力，根据机井流量和压力确定轮灌区面积。既可在机井首部安装水肥一体机，实现集中施肥；也可在每个棚室首部安装文丘里施肥器、压差式施肥罐或注肥泵，实现单独灌溉施肥。

3. 肥料选择

（1）肥料要求　常温下能够溶解于灌溉水；与其他肥料混合不产生沉淀；不会引起灌溉水酸碱度的剧烈变化；对灌溉系统腐蚀性较小。

（2）常用肥料　一般分为自制肥和专用肥。自制肥是指选用溶解性好的单质肥料或复合肥料临时配制的肥料，原料一般选用尿素、磷酸二氢钾、硝酸钾、硝酸铵、工业或食品级磷酸一铵、硝酸钙、磷酸、硝酸镁、螯合态微肥等。由于自制肥的各元素（尤其是微量元素）间有一定的颉颃反应，应用微喷技术虽不容易堵塞，但也要注意尽量选择可溶性好的肥料。目前，市场上的肥料品种很多，种植户要选用溶解性好、兼容性强、作用力弱和腐蚀性小的肥料。

4. 灌溉施肥方案

（1）灌溉管理　定植后及时浇一次透水，一般每次灌溉 525～600m³/hm²。出苗后视墒情进行灌溉管理，保护地西瓜一般苗期每 5～7d 灌溉一次，每次 150～180m³/hm²；伸蔓期每 5～7d 灌溉一次，每次 180～210m³/hm²；

第五章 水肥一体化技术

膨大期每 6～8d 灌溉一次，每次 195～240m³/hm²。露地西瓜一般苗期每 5～7d 灌溉一次，每次 150～225m³/hm²；伸蔓期每 5～7d 灌溉一次，每次 195～240m³/hm²；膨大期每 6～8d 灌溉一次，每次 225～270m³/hm²。

（2）施肥管理　保护地西瓜一般苗期每 8～10d 追肥一次，每次追肥 150～180kg/hm²，肥料配比（N：P_2O_5：K_2O）为 20：15：15；伸蔓期每 8～10d 追肥一次，每次 180～210kg/hm²，肥料配比为 20：5：20；膨大期每 10～12d 追肥一次，每次 225～270kg/hm²，肥料配比为 20：5：25。露地西瓜一般苗期每 8～10d 追肥一次，每次追肥 150～180kg/hm²，肥料配比为 20：10：15；伸蔓期每 8～10d 追肥一次，每次 180～210kg/hm²，肥料配比为 20：5：20；膨大期每 10～12d 追肥一次，每次 225～270kg/hm²，肥料配比为 20：0：20。每次追肥时需控制好肥料浓度，一般在 1m³ 水中加入 0.4～1.0kg 肥料（表 5 - 5）。

表 5 - 5　西瓜微喷施肥制度

茬口	生育时期	灌溉次数	灌水定额（mm）	每次施肥纯养分量（kg/hm²）			
				N	P_2O_5	K_2O	合计
冬春茬	定植前	1	52	510	212	321	1 043
	苗期	1	15	14	6	20	40
	伸蔓期	1	37	14	7	30	51
	果实膨大初期	1	37	16	8	35	59
	果实膨大期	2	45	17	8	36	61
	全生育期	6	231	571	241	442	1 254
秋冬茬	定植前	1	52	460	180	260	900
	苗期	1	15	12	6	25	43
	伸蔓期	1	30	12	6	25	43
	果实膨大初期	1	30	12	6	26	44
	果实膨大期	1	45	12	6	25	43
	全生育期	5	172	508	204	361	1 072

注：适于华北地区大棚西瓜，冬春茬目标产量为 60t/hm²，秋冬茬目标产量为 22.5t/hm²。

5. 系统操作

（1）肥料溶解　按照微喷或滴灌施肥的要求，先将肥料溶解于水，然后将过滤后的肥液倒入施肥罐（池）中，或敞开的塑料桶中。

（2）施肥操作　微喷或滴灌加肥一般在灌水 5min 后进行。

注肥泵：将注肥泵放入施肥罐中，注肥泵出口与主管上的调压阀并联，注肥泵的进水管要达罐底。施肥时，启动注肥泵，打开进、出水阀，保持施肥速度正常，防止施肥不均或不足。

99

水动力施肥器：将吸肥管放入溶解好的肥液桶内，把主管路的球阀关小，让部分灌溉水经过施肥器，利用水流产生的动力将肥液带入主管路，施肥结束后关闭施肥器开关，将主管路球阀调至正常位置。

（3）系统维护　每次施肥结束后继续喷施 5～10min，以冲洗管道。微喷滴灌施肥系统每次施肥后，施肥罐底部的残渣要用清水冲洗清理。

（五）应用效果

在大兴等西瓜主产区推广应用微喷水肥一体化技术，取得了良好效果（彩图 5-4）。示范区定点监测结果表明，与常规水肥管理方式相比，小西瓜采用微喷水肥一体化技术，节水 540m³/hm²，节约纯养分 150kg/hm²，增产 5 490kg/hm²；每立方米水产出提高 8.4kg，每千克养分产出提高 4.9kg（表 5-6）。

表 5-6　西瓜微喷水肥一体化技术示范效果

处理	监测户数	灌水量（m³/hm²）	养分量（kg/hm²）	产量（kg/hm²）	水产出（kg/m³）	肥料产出（kg/kg）
示范	10	1 980	552	57 165	28.9	30.1
对照	2	2 520	702	51 675	20.5	25.2

第三节　智能水肥一体化技术

一、光智能

在日光温室中，太阳辐射是最主要的能量来源。太阳辐射量与叶片气孔阻抗呈负相关，是影响植株蒸腾的主要因子之一，光照过高或过低均会对植株光合作用及产量和品质造成不利影响。强光很容易引起光合作用的光抑制，甚至发生光合机构的光破坏。弱光使叶片内部生物化学活性降低，光合电子传递能力下降，气孔导度降低，进而导致净光合速率降低。光合作用对水分胁迫也非常敏感，短期轻度或中度干旱或淹水胁迫，光合速率的下降主要由气孔因子引起，长期严重干旱或淹水胁迫，非气孔因子起主导作用。光照和水分在植物生长过程中只有维持平衡、协调供应时，才能发挥最佳的效应，光照度是影响作物耗水量最主要的环境因子。因此，如何根据光照度调整根际水分含量，成为作物优质高产栽培的关键。累积光辐射法被认为是较好的管理方法，其相关成果已在生产中得以应用。

光照对于作物蒸腾、土壤蒸发具有重要的影响，根据作物的需水规律，建立光辐射能和耗水量之间的关系，就可以建立相应的灌溉模型。

（一）简化理论公式，建立作物耗水模型

1. 研究作物耗水理论模型

联合国粮食及农业组织（FAO）给出了反映参考作物需水量与气象因子

相关关系的彭曼-蒙蒂斯公式：

$$ET_0=\frac{0.408\Delta\,(Rn-G)+\gamma\dfrac{900}{T+273}\mu_2\,(e_s-e_a)}{\Delta+\gamma\,(1+0.34\mu_2)}\qquad(5-1)$$

式中，ET_0：参考作物腾发量，mm/d；Rn：作物冠层顶的净辐射，MJ/（m^2·d）；G：土壤热流强度，MJ/（m^2·d）；T：2m 高度处的日平均气温，℃；μ_2：2m 高度处的风速，m/s；γ：湿度计常数，KPa/℃；e_s：饱和水汽压，Kpa；e_a：实际水汽压，KPa；Δ：饱和水汽压-温度曲线斜率。

在设施生产环境下，μ_2 近似为 0，土壤热流强度 G 与净太阳辐射 Rn 相比较小，且存在正相关关系。结合作物蒸发蒸腾量公式 $ET=ET_0\cdot Kc$（作物系数），可以得出作物蒸发蒸腾量与太阳净辐射呈正相关关系，可近似建立作物耗水与光辐射能的理论模型：

$$ET\propto R\qquad(5-2)$$

式中，ET 为作物蒸发蒸腾量，mm/d；R 为累计光辐射能，J/cm^2。

2. 明确光智能模型

日光温室草莓全生育期累积耗水量为 127mm，苗期、初花期和结果期日均耗水量分别为 0.86mm/d、0.70mm/d 和 0.86mm/d。冬春茬日光温室小西瓜全生育期累积耗水量为 85.64mm，苗期、开花期和结果期日均耗水量分别为 0.59mm/d、1.55mm/d 和 1.75mm/d。研究建立作物耗水量与光辐射能之间的关系，结果表明：草莓和西瓜耗水量与累计光辐射能呈现极显著正相关关系，相关系数分别为：0.68**、0.83**，日光温室草莓和西瓜耗水量与气象因子的关系模型分别为 $ET=0.616\,2R$、$ET=1.266\,7R$（ET 为草莓和西瓜耗水量，mm，R 为累计光辐射能，J/cm^2）。

（二）利用模型参数，研发集成光智能精准灌溉决策系统

基于作物耗水量与光辐射能的理论模型，研发了光智能精准灌溉决策系统，主要由光照传感器、采集器、控制器、电磁阀等组成（彩图 5-5、图 5-1）。针对光辐射传感器价格昂贵、型号不易配套等问题，采用光照度传感器代替测定光辐射能的传感器，并建立了光照度与光辐射能之间的关系模型：$y=58.468x+1\,153.9$（$R^2=0.852\,2$，x 为光辐射能，W/cm^2，y 为光照度，lx），每套可以节约成本 1 800~2 700 元，并提高了传感器的适配性。

系统工作时，通过光照传感器，将采集的光照度数据累积计算获得光辐射，将设定时间段内的光辐射累积能量与预先设定的临界能量进行比较。当光辐射累积能量值达到预先设定的临界能量值时，灌溉控制系统执行预设灌溉策略，并发送信号到灌溉控制柜，控制相应地块所对应输水管路的电磁阀开启，达到灌溉策略设定的灌溉要求时，电磁阀关闭，完成此次灌溉，等待进入下一

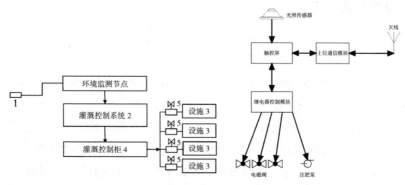

图 5-1　光智能精准灌溉决策系统示意图

次灌溉。该系统能够结合作物耗水量，根据作物不同生育阶段，设置不同的参数，实现了依据光辐射能灌溉，提高了灌溉决策系统的准确性和代表性。目前，该系统已嵌入了番茄、草莓和西瓜的耗水模型，并已申报获得 1 项国家实用新型专利，在北京市多个区县推广应用。

（三）摸清基本参数，实现精准灌溉

1. 摸清基本参数

为了增强光辐射智能灌溉模型的可复制性，针对草莓（9 月至翌年 5 月）和小西瓜（2—4 月）等，分别在基质栽培和土壤栽培的模式下，对整个生育期不同阶段的灌溉启动时光辐射累积值（J/cm²）、灌溉定额对应的灌溉系数（单位面积灌溉量）与累计光辐射能的比值进行了研究，形成草莓和西瓜不同生育时期的田间应用参数（表 5-7）。以草莓为例，苗期时，当光辐射累积到 2 000J/cm² 时，开始启动灌溉，每平方米的单次灌溉量为灌溉启动临界值乘以灌溉系数。为了适应同一作物不同茬口、不同品种灌溉量的差异性，设置了倍数功能，使用者可以根据田间作物长势情况，在本系数的基础上进行调整。

表 5-7　光智能精准灌溉决策系统灌水参数

作物	苗期		开花期		结果期	
	灌溉启动（J/cm²）	灌溉系数	灌溉启动（J/cm²）	灌溉系数	灌溉启动（J/cm²）	灌溉系数
草莓	2 000	0.2	1 000	1.0	700	2.0
小西瓜	1 000	0.25	1 000	1.0	500	2.5

2. 田间应用效果

日光温室草莓全生育期灌水 1 260m³/hm²，产量 33 405kg/hm²，水分利用率提高 3%，草莓果实糖酸比、维生素 C 含量分别提高了 9% 和 28.8%。冬春茬日光温室西瓜全生育期灌水 1 479m³/hm²，产量 72 900kg/hm²，较常规

生产亩节水 22.8%，省工 1 个（表 5 - 8）。

表 5 - 8　光智能精准灌溉决策系统指导灌溉应用效果

作物	可溶性总糖（%）	维生素 C（mg，以 100g 计）	可滴定酸度（%）	产量（kg/hm²）	节水（m³/hm²）	亩省工（个）
草莓	12.1	72.4	0.723	33 405	630	1.5
西瓜	12.5	—	—	72 900	435	1

二、墒智能

（一）土壤水分传感器在土壤墒情监测中的应用

土壤水分传感器的研究与发展直接关系到精准农业变量灌溉技术的研究与发展，也与节水灌溉技术密切相关。目前主要有基于时域反射法（time domain reflectometry，TDR）原理的测量方法、基于频射法（frequency domain reflectometry，FDR）原理的测量方法、基于驻波法（standing wowe ratio，SWR）原理的测量方法、基于中子法的测量方法、基于土壤水分张力的测量方法。

（二）研发墒情监测设备

1. 设备原理

由于水的介电常数远大于土壤中其他介质（矿物质、有机物颗粒、空气），土壤的介电常数往往取决于土壤中水分含量。基于此原理的监测设备，利用探测器发出的电磁波在不同介电常数物质中反馈的频率，计算出被测物的含水量即土壤体积含水量。

该设备可以实时监测同一位置多个土层深度的土壤水分、温度，并将连续监测的本地数据实时传输到云端，用户可通过 PC 端和移动端访问平台，平台提供数据存储、分析（不同土层实时含水量变化、土壤温度、根系分布等）、下载等功能（彩图 5 - 6）。该监测方法准确性高、连续性强、安装简单便捷、低功耗无污染，管式构造尽可能降低了对土层的破坏，但其成本远高于蒸发皿、张力计，一般应用于设施规模化生产中。

2. 设备基本技术参数

（1）设备可实时在线分层监测 10～100cm 土壤墒情、温度，对土壤储水、作物耗水进行动态追踪。

（2）多深度土壤水分（体积含水量）室外测量精度±3%，多深度土壤温度测量范围为－20～60℃，测量精度±0.5℃；产品防护等级为 IP68（民用防尘防水最高级）。

（3）内置 GPS 及振动传感器，当设备发生振动、移除等外力操作时，设备立即自动发送报警。

（4）无线数据传输：利用GPS，可通过PC端或移动端随时查看本地数据；具备远程设置采集时间（5min至4h）间隔及更新功能。

（5）能够快速启动；内置锂电池，续航45d以上，且外接太阳能供电板，实现连续供电。

（6）平均无故障运行时间大于等于25 000h。

（7）一体化管式设计　电池、传感器、主机板、通信模块等部件都设计在同一个管中，传感器为全封闭多深度传感单元，安装储运方便，便于野外安装、迁移。

（三）研发墒智能精准灌溉决策系统

1. 系统研发原理

根系分布层的土壤含水量与作物生长发育密切相关，对土壤含水量进行精准调控，可较好满足作物的水分需求。不同作物的需水特性不同，同种作物不同生育时期的根系发育及需水特性也不同，墒智能精准灌溉决策系统通常利用式（5-3）计算作物某一生育时期的灌水定额。

$$W = 10p \times h \times \gamma \times (\theta_{后} - \theta_{前}) \tag{5-3}$$

式中，p 为湿润比，h 为土壤计划湿润层深度，γ 为土壤容重，θ 为灌溉前后土壤含水量。

2. 系统组成及控制策略

墒智能精准灌溉决策系统是一款依据土壤墒情智能提供灌溉策略的系统，主要由土壤墒情监测设备、中央控制器、无线解码器、大数据平台等组成。土壤墒情监测设备主要用来实时监测土壤墒情，并传输至大数据平台；中央控制器，用来控制水泵、田间阀门的开关，实时监测并反馈灌溉系统的压力和流量等运行参数；无线解码器用来执行中央控制器的指令，控制电磁阀的开关。无线解码器与中央控制器采用LoRa物联网技术通信，功耗低、便于安装和使用。为了便于用户使用，系统也开放手动灌溉功能（图5-2）。

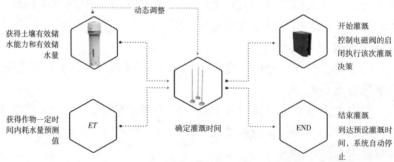

图5-2　墒智能精准灌溉决策实现步骤

墒智能精准灌溉决策系统，是基于自主研发的土壤墒情监测设备进行工作的。该设备能够长期实时监测一个地区作物根层土壤水分状况，通过大数据分析能够确定该地区土壤历史最高含水量和最低含水量，从而确定土壤最大储水量。结合实时监测的土壤含水量，能够计算出土壤有效储水量，进而可确定最大灌溉水量 W_{max}。通过当地的气象条件，计算出参照作物需水量，再与逐日墒情数据计算出的耗水量 ET 结合计算出作物系数 K，通过大数据不断优化 K；通过预测未来 7d 内的气象条件，可直接预测出未来 7d 内的耗水量，不断优化作物灌水量 W，实现智能精准灌溉。当需要灌溉时，系统会直接将指令发送至用户端，用户端可结合现场情况决定是否灌溉。若用户需要主动灌溉时，亦可选择一键式操作，系统自动计算出灌溉水量并将之换算成时间告知用户。

3. 田间应用效果

在滴灌条件下，针对草莓应用墒智能精准灌溉决策系统（图 5 - 3），结果表明：温室草莓全生育期共灌水 46 次，灌溉总量 2 640m³/hm²，产量 30 495kg/hm²，每立方米水产出 11.6kg（表 5 - 9）。

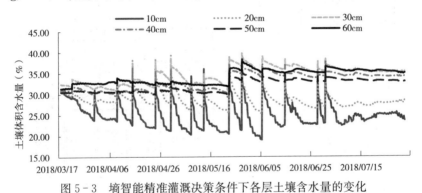

图 5 - 3 墒智能精准灌溉决策条件下各层土壤含水量的变化

表 5 - 9 墒智能精准灌溉决策系统指导灌溉应用效果

作物	灌溉次数 （次）	灌溉量 （m³/hm²）	产量 （kg/hm²）	水产出 （kg/m³）
草莓	46	2 640	30 495	11.6

三、基于光照度和土壤墒情的双因子智能灌溉决策系统

单一的决策因素简单实用，但也存在局限性。综合气象条件、土壤水分、作物长势等多因素进行灌溉决策，更有利于实现水分精准调控。以光照度和土壤墒情为决策因子，研发了双因子智能灌溉决策系统。

（一）系统设计原理及组成

设施生产条件下，阴雨雪天气进行灌溉会造成设施内空气湿度较大，常常会引起病虫害的发生，不利于作物正常生长发育。通过增加光照作为辅助决策因子用于避免连阴、雨、雪天灌溉，进一步优化了基于土壤墒情的精准灌溉策略，通过此策略能够精准确定灌溉的启动时间和灌溉量。系统运行时，优先在系统中设置作物信息和决策指标的参数阈值（包括各生育时期对应的土壤含水量上下限值、光照度下限值），控制系统定时将土壤湿度传感器监测值与设置阈值进行比较，当监测值低于阈值下限时，系统计算出灌溉量，并结合当前光照参数信息，判断是否启动灌溉。如启动灌溉，流量计监测灌溉量，并与灌溉量计算值进行比较，决策本次灌溉结束（图5-4）。

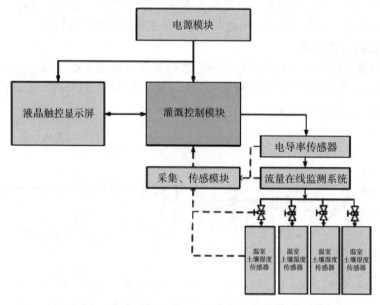

图5-4　基于光照度和土壤墒情双因子智能灌溉决策系统田间控制图

该系统主要由土壤湿度传感器、光照传感器、流量传感器、电导率传感器、电磁阀、控制系统等组成，具备手动/自动两种控制模式，实现了人机界面显示、参数设置、数据采集储存及系统控制等功能。自动模式下，根据作物种类、生育时期、灌溉区等参数信息，与实时采集的土壤含水量数据和气象数据，可实现基于土壤墒情和光照度的精准灌溉管理，并将作物根系主要分布层土壤含水量控制在目标/适宜范围，为作物生长提供良好的根际土壤水分条件。

（二）明确应用参数

膜下滴灌条件下，系统上午10时采集传感器数据，土壤含水量实时数值19.18%，低于设定的灌溉启动下限值（19.2%），光照度实时数值43 625lx，高于设定的灌溉启动下限值（5 000lx），系统自动计算出此次灌溉量应为

$0.536m^3$，发送"灌溉"命令，启动电磁阀，当流量计实时数值累积数据达到计算灌溉量时自动结束灌溉（图5-5）。

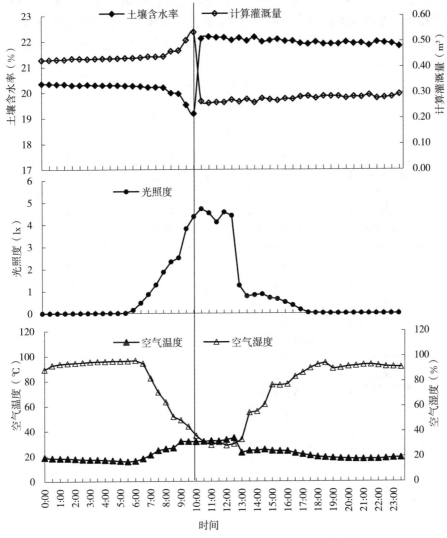

图5-5　基于土壤墒情的智能设备系统自动存储数据

四、多因素智能灌溉策略

利用自控系统，建立基于光辐射和基质水分的智能灌溉决策，以回液EC值进行灌溉量校正，确保为作物提供适宜的水肥条件。

（一）系统简介

该系统主要由灌溉实时监测、灌溉系数设置、数据查看和运行模式切换四部分功能组成。灌溉实时监测可以实时采集相关数据，包括空气温度、空气相对湿度、光总辐射值、基质含水量、基质含水量、灌溉液 EC 值、pH、回液 EC 值等；灌溉系数设置是指使用者根据生产情况提前输入相关参数。数据查看是指可以查看灌溉记录等。运行模式是指系统根据实时监测数据和设置的灌溉系数，判断是否启动灌溉，达到临界值则启动电磁阀，进行灌溉。功能框架如图 5-6 所示。

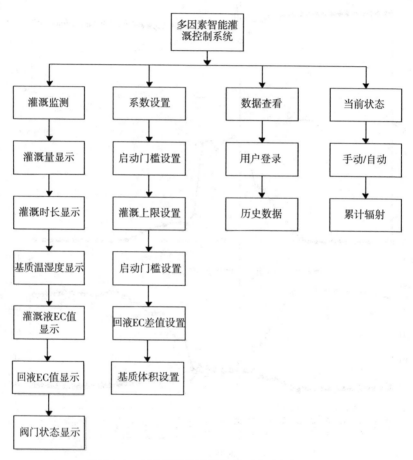

图 5-6　多因素智能灌溉控制系统功能框架图

（二）决策算法

安装太阳总辐射探头，每 10min 采集一次总辐射数据（W/m²），通过式（5-4）计算辐射能：

$$W = R \times T \times \frac{60}{10000} \qquad (5-4)$$

式中，W：辐射能（J/cm²）；R：总辐射（W/m²）；T：数采时间间隔

（min）；60：时间换算；10000：面积换算。

将辐射能进行累加，当达到用户设置的启动门槛值时，则启动灌溉，由基质实时含水量与最大含水量之间的差值，决定单次的灌溉量，具体计算见式（5-5）

$$M = 0.001 \times (Q_1 - Q_2) \times V \times \frac{P}{\eta} \qquad (5-5)$$

式中，M：单次灌溉量（m³）；Q_1：基质最大体积含水量（%）；Q_2：启动时刻基质体积含水量（%）；V：基质体积（m³）；P：土壤湿润比（取100%）；η：水分利用效率（取1）。

以回液 EC 值对灌溉量进行校正，当回液 EC 值与灌溉液 EC 值的差值大于 1.0mS/cm 时，灌溉量上调为 1.3 倍（1.3M）。

（三）田间应用

在昌平区、大兴区进行了田间应用，草莓株高比农户常规管理提高了9.7%，茎粗提高了 7.5%，叶面积提高了 9.4%，可溶性总糖和糖酸比分别提高了 9% 和 9.5%，维生素 C 含量提高了 28.8%，草莓硬度提高 0.4kg/cm²。

第六章
设施生产中常见问题与解决办法

一、灌溉系统的使用与维护

灌溉系统是实现节水灌溉的核心部件，主要包括注重日常维护，可以延长使用寿命，减少生产者重复投入，节约生产成本。

（一）灌溉系统使用

灌溉系统使用前需要进行整体检查，查看连接部位是否牢固。打开灌溉阀门时尽量缓慢，如有轮灌区，应先打开待灌区阀门后再关闭已灌区阀门，避免产生"水锤现象"。推荐采用水肥一体化形式施肥，将肥料充分溶解后，加入施肥罐，采用"灌溉＋施肥＋灌溉"三段式灌溉施肥方案，将施肥放在后半段，最后再进行少量灌溉，冲洗管道。

（二）灌溉系统维护

定期对灌溉系统进行检修，有漏水的部位及时进行维修和更换。在灌溉系统使用过程中应经常对过滤设备进行冲洗，每周冲洗一次，避免经常不冲洗破坏过滤设备。在灌溉过程中，田间管理人员应逐行检查滴灌带的出水情况，发现有堵塞的应查找原因并及时进行疏通，发现有漏水及时将滴灌带漏水处剪断用直通接好，旁通漏水处也要及时处理好。

二、过滤器的使用与维护

过滤器是滴灌系统中的关键部件之一，是用来清除水中的杂质和污物，防止滴头堵塞而影响灌溉质量的必要装置（彩图6-1）。北京地区在设施农业中配合使用文丘里施肥器、自动施肥机，常见过滤器为叠片式过滤器。下面以叠片式过滤器为例，浅析在其使用与维护中存在的问题。

（一）夏季闷棚温度高，塑料装置易变形

夏季采用高温闷棚，是草莓、西瓜、甜瓜最常采用的消毒、杀虫措施。高温闷棚后，棚内温度可以达到60～70℃，在消除病菌、杀灭虫卵、清除杂草的同时，也同时导致安装在棚室内的灌溉系统首部过热变形，从而出现过滤器无法固定、管路接口位置漏水的现象发生（彩图6-2）。

针对这一问题，建议用废旧棉被对温室内的灌溉施肥首部装置进行遮盖，防止高温造成管路膨胀变形，延长设备寿命，降低种植成本。

（二）保养维护不及时，泥沙沉积易堵塞

因为种植户的技术水平、文化层次等存在差异，对过滤器的保养维护也存在不同。长时间不清洗滤网碟片、超时不更换滤材等行为，导致过滤器存在着过滤效果不好、过滤器变形漏水、滴灌系统水流不畅、滴灌带滴头堵塞等诸多问题。

针对以上问题，种植户一要根据当地水质情况定期检查和维护叠片式过滤器，清理叠片上的杂质，使叠片式过滤器能正常工作和运行；二要注意过滤器的使用寿命，及时更换叠片等滤材，避免对灌溉水质造成影响。

三、水表的使用与维护

水表包含普通机械水表和远传智能水表（彩图6-3），种植户可根据自身需求选择安装，使用过程中需要定期查看维护，确保数据准确。

（一）注意安装位置

在安装和使用过程中，需要弄清楚当前环境是否合适，特别是在选择安装位置时，必须选择能够保证水表可以充分发挥作用的环境。如当水表处在湿度较高、温度较高或具有腐蚀性气体等环境中时，短时间内可能不会出现太大的问题，但是时间一长，就会对水表的正常运转和使用寿命造成损害，影响水表的正常使用。

（二）防止水表腐蚀

通常情况下，正规厂家所生产的水表表面都会使用防腐材料，但是智能水表内部智能芯片等电子构件却很难抵挡酸碱腐蚀性物质的侵入。因此，假如腐蚀性物质破坏内部系统，就会对产品的运转产生非常大的影响，甚至直接作废，所以一定要远离酸碱腐蚀性物质。

（三）严禁放置重物

水表的上方不能放置东西，特别是智能水表，长期放置东西会损坏智能水表或影响其准确计量。

（四）避免磕碰

尽管水表本身是由耐用材料制作而成，但因包含精细的零部件，在维护时要多加留意，尤其是要避免反复刮擦，且最好放置在远离人群或通常不会有人触摸的地方。

（五）及时维修

如果使用水表过程中发现异常，比如长绿藻（彩图6-4）、读数不准确等，应及时进行维修。机械水表可自行拆开表盘查看清理，智能水表应找销售

厂家售后服务，尽量避免私自开启智能水表的铅封。

四、球阀的使用与维护

球阀是阀门中广泛使用的一种阀门，需要合理维护和管理（彩图 6-5）。合理维护不仅提高了工作效率，而且减少了维护时间，节省了部分成本。目前，滴灌系统使用的球阀以 PVC 材质为主。下面主要介绍 PVC 球阀。

PVC 球阀手柄松动而出现球阀漏水的情况，可以用钢丝钳将手柄夹紧，然后按照逆时针方向进行旋转，将手柄拧紧即可。需要注意的是，拧紧手柄的时候要小心，不能用力过大，不然很容易损坏球阀。

PVC 球阀与水管连接的地方不严实，没有密封好而出现漏水的情况，可以用生料带缠绕水管与球阀连接的位置，缠绕过后再安装球阀，这样就不会漏水了。

PVC 球阀开裂、缺损导致的漏水，需要将旧的球阀拆卸下来，然后重新安装一个新的球阀。

PVC 球阀在拆卸时需要正确操作，做好以下几点：

关闭球阀以后，需要将球阀内的压力全部释放出来才能进行拆卸，不然很容易发生危险。很多人都不注意这一点，如果阀门关闭后就立马拆卸，其内部还留有一定的压力，易造成人员受伤。

球阀拆卸维修好以后，需要按拆卸的反方向进行安装，并且拧紧固定好，不然还会漏水。

PVC 球阀想要使用时间更长久，就要尽可能减少开关的次数。当出现漏水的情况以后，需要及时进行维修，尽快恢复正常使用。

五、灌溉系统堵塞问题与解决方法

灌溉系统在使用过程中时常会因为生物、化学、物理等原因发生堵塞，从而影响水源的灌溉与肥料的施用，常见造成灌溉系统堵塞的原因有两大类：灌溉水源引起的堵塞、施肥引起的堵塞（彩图 6-6）。

（一）灌溉水源引起的堵塞

①物理堵塞。在灌溉的水源中，常含有有机或无机悬浮物，如生物残体、沙、淤泥和颗粒物等杂质，使用时间长会引起滴灌管堵塞，也包括地下灌溉负压吸沙造成的堵塞。②化学堵塞。一般指原本溶解在灌溉水源中的可溶性盐类等化学物质，例如碳酸盐、硫酸盐、铁离子、钙离子等，在一定的条件下发生化学反应，形成不可溶性的固体沉淀物，沉积在管道内部，从而引起堵塞。北方地区，当水源中含有碳酸根和钙镁离子时，可能使灌溉水源的 pH 增加，形成碳酸钙沉淀造成堵塞。③生物堵塞。灌溉水源中的藻类、浮游动物、细菌

等，进入滴灌系统后不断生长繁殖，久而久之在滴灌管网系统和灌水器流道内壁形成生物膜等堵塞灌水器。

（二）施肥引起的堵塞

①肥料中含有不易溶于水的物质，从而引起堵塞。部分固体肥料在生产时都会在肥料颗粒外包一层膜防止吸收水分，这些包膜材料溶解后会产生堵塞。②肥料与灌溉用水发生反应，堵塞灌溉系统。灌溉用水中钙等阳离子与磷酸根等阴离子反应，产生不溶物或者微溶物，堵塞滴头。③肥料配合不当发生反应，产生沉淀。由于种植户在肥料配合时将磷肥或者硫酸钾与中微量元素肥料混合使用，或者硝酸钙等肥料与磷酸盐混合使用生成化学沉淀，从而引起堵塞。

（三）解决方法

（1）铺设滴灌管（带）、微喷带时，将出水口朝上安置，防止水中杂质堵塞出水孔。安装完成后，必须浇少量清水，检验出水口是否堵塞，如有堵塞处需加以处理。确保滴灌出水口无堵塞且可正常使用后，若要铺设地膜，须将地膜压紧压实，尽量使地膜和滴灌带之间不产生空间，避免阳光通过滴灌带和地膜之间空隙水滴形成的聚焦灼伤滴灌带。

（2）施肥时间选在灌溉过程的"后半段"，即先滴清水、滴肥水、再滴少量清水（最后滴清水的目的是冲洗滴灌管，防止化学物质积累，堵塞滴头）。肥料宜选用全溶性的水溶肥，先将肥料溶解，除去杂质后使用。灌水施肥时可加入稀释的柠檬酸，在调节土壤 pH 的同时，能够起到冲洗滴头的作用，防止滴灌设施堵塞。

（3）滴灌设备在使用 3~5 次后（包括灌水、施肥），必须将过滤器拆开仔细清洗。灌溉期结束后，将滴灌管（带）尾部打开，用清水彻底冲洗设备，清洗后放在阴凉、避光、干燥处，以备下次使用。

六、大水漫灌危害与解决方法

（一）大水漫灌的危害

我国水资源相对贫乏，又是一个用水量大的农业大国。2021 年我国农业用水量达 3 644.3 亿 m^3，占用水总量的 61.5%。大水漫灌的灌溉方式，出水量大、速度快，造成水分流失多、利用率低，可溶性的肥料随水下移污染地下水源，灌水量越大，水肥下渗流失越多。干旱地区，土壤水分蒸发快，大水漫灌后（彩图 6-7），使地下水位上升，形成毛管上升水，盐碱随水来，水去盐碱留，导致土壤盐碱化，并加速土壤结板，从而影响作物正常生长。

（二）解决方法

①改变"大水漫灌"的粗放型农业灌溉方式，首先要转变对灌溉的认识，

大力倡导节约用水，从意识上转变传统的灌溉方式。②建设更多高效节水灌溉工程。高效节水灌溉工程能有效降低"大水漫灌"时农药、化肥对土壤和水质的污染，优化区域水资源，并能节约人力成本，提高农产品产量和品质。③应用微灌技术。微灌技术是一种新型的比较先进的节水灌溉技术，可以控制水量、实现水肥一体化，包括滴灌、微喷灌和涌泉灌。采用微灌一是可以实现节约用水，提高水资源利用率，一般比地面灌溉省水 30％～50％。二是灌水均匀，水肥同步，可以适时适量向作物根区供水供肥，减少水肥流失，不会造成土壤板结，又可优化土层内根系生长环境，改良土壤结构，实现农业的高产、高效与优质。三是适应性强，操作方便，可根据不同土壤的入渗特性调节灌水速度，同时节省劳动投入，降低生产成本。

七、水质偏硬问题与解决办法

生产中经常会遇到种植户说灌溉用水太硬了，那么什么是硬水呢？一般把含有一定数量如钙、镁、铁、铝和锰的碳酸盐、重碳酸盐、氯化物、硫酸盐和硝酸盐杂质的水称为硬水。可以用"硬度"来表示水的软硬程度，一般用德国度表示，相当于 1L 水中含有 10mg 的氧化钙。

灌溉水质的好坏，对于土壤理化性状和作物生长影响较大，特别是在没有淋洗条件的设施生产中，长期采用硬水进行灌溉，会影响作物生长，导致土壤盐分累积。同时一些关键离子含量的多少，直接决定是否可以种植某种作物，如地下水氯离子含量较高的地区，不适合种植忌氯作物，制定灌溉施肥制度也需要综合考虑灌溉水中离子含量。同时水质偏硬也是导致滴灌灌水器堵塞的一个重要原因。

目前硬水处理方法主要有软水剂法、离子交换法和磁化法等。市场上已有成型的水质软化剂产品，种植户可根据需要选购，或者在水中加入 10％的六偏磷酸钠溶液，添加比例为 200：1。离子交换法是指利用沸石、离子交换树脂等特定的材料作为过滤器，可以将水中的钙镁离子交换掉，使硬水软化。磁化法是指当水流通过磁场时，水溶液中的阳离子和阴离子以一定速度切割磁感线，可以看作带电的电荷在磁场中移动，产生感应电势，在磁场中形成了带电体，运动离子受到洛伦兹力作用发生回旋式的移动，而且运动方向相反。由于洛伦兹力的作用，水分子发生形变，同时其他正负离子本身的正负电荷间的距离加大，从而使其相互吸引力减弱。这种变化达到一定程度时，这些离子的磁极发生相应的变化，并且自动按照同性相斥、异性相吸的原则自动排列，改变了原来自由运动的电荷状态，形成稳定的结晶体。这些稳定的结晶体各自保持着一定的稳态距离，破坏了其自由运动结合，不易沉积且悬浮在水中，可以随着水流被带走。

八、如何利用灌溉调控草莓品质

灌溉施肥策略对草莓品质至关重要，膜下滴灌与沟灌、漫灌方式相比能节约用水用肥量，提高草莓产量和品质。在保护地栽培模式下使用膜下滴灌水肥一体化施肥能显著提高草莓产量和品质，提高肥水利用率。在北方地区日光温室草莓生产中，每年8月底9月初定植，12月中旬左右开始进入果实采收期。草莓旺长期水分充足利于草莓植株发棵，快速增加叶面积，如果缺水会使草莓植株矮小，叶面积不够大，严重影响草莓产量，因此在草莓旺长期一定要保证充足的水分供应。在草莓团棵期，草莓要进行花芽分化，应适当控水，灌溉量太大促进草莓营养生长不利于花芽分化，导致草莓产量降低，并推迟上市时间。同时由于湿度大草莓生长旺盛相互遮阳，草莓的白粉病、灰霉病发生率增高。在草莓生长中后期，草莓一边花芽分化一边开花结果，果实发育阶段，整个生育过程交织在一起。此时灌溉既要考虑水量还要考虑用水带肥，保证每水必肥，以提高草莓品质。草莓各生育时期土壤含水量（距地面0～20cm土层）控制适宜下限：旺长期70%～80%，团棵期60%～70%，现蕾期70%～80%，果实膨大期80%～90%，果实成熟期60%～70%。在草莓采收期，每周采收1～2次，灌溉施肥策略应与采收时间合理交错。采收后立即进行灌溉施肥，每水必肥，选择高钾型大量元素水溶肥，再搭配中微量元素肥料，补充草莓生长所需养分和水分，以提高草莓品质。

根据草莓生产特性调控灌溉量来提高草莓品质的同时，分根灌溉、充气灌溉和活化水灌溉在提高草莓品质方面也有显著效果。有研究表明，分根灌溉在不降低草莓产量的同时能显著提高草莓品质，减少用水量30%。分根灌溉是指一次只灌溉根际的一部分，而另一部分保持干旱。位于干旱土壤一侧的根系可感应到干旱胁迫而产生基于脱落酸的化学信号并输送到地上部抑制叶面积的生长、降低气孔导度，同时，位于湿润土壤一侧的根系可为植株供给足够的水分，使茎叶保持较高的含水量。在草莓生产中采取分根灌溉，灌水量保持正常灌水量的70%，可促进根系的生长发育，并产生较稳定的ABA干旱信号以调节地上部的生理过程和生长，提高草莓品质。充气灌溉是利用滴灌系统进行通气，将速溶增氧药片溶解在装满水的大塑料罐内，用便携式溶解氧探测仪器实时检测灌溉水中溶解氧的含量，当营养液含氧量达到饱和条件下，每天灌溉两次能够显著提升草莓的生长指标和果实品质。灌溉水活化技术是一种通过改变水的理化性质，促进作物生长、提高水分利用率的新型水处理技术。研究发现，地下水经过活化处理后，水的pH和溶解氧含量升高，表面张力和黏滞系数降低，可显著提高草莓品质。

九、如何巧用灌溉减少西瓜裂瓜问题

西瓜裂瓜主要在两个时期出现：一是西瓜生长期，二是西瓜采收期。导致西瓜出现裂瓜的因素主要有品种、天气、肥料等。在品种、温度、物理因素、管理水平都相同的情况下，肥水因素是造成裂瓜的一个重要原因。肥水因素主要指的是肥料和水分对西瓜的影响。如果因为肥水因素造成西瓜裂瓜，一般发生在结果期。西瓜需要充足的钙镁肥，如果施肥过多或过少，或者没有及时补充钙镁肥都会造成西瓜缺少足够的营养，而发生裂瓜的现象。如果在西瓜生长过程中供水量不平稳，出现了水量过多的现象，那么西瓜就会因为吸收过快或者吸水过多，导致西瓜体积过大，以致出现爆瓜、裂瓜的现象。因此，建议农户采用滴灌系统进行灌溉施肥，遵循少量多次原则，可减少西瓜裂瓜的发生。

十、如何减缓冬季灌溉导致的地温降低问题

北方地区越冬期灌溉会导致地温降低，影响植株正常生长。越冬期日光温室灌溉水升温可采取以下措施，通过在取水、输水、蓄水、配水、升温池升温、灌水和灌溉管理等过程中采用多环节和多项技术的有机结合解决灌溉导致的地温降低问题。灌溉水在取水过程可采用的技术：增加地表水转化为潜水井水的渗径长度，加大潜水井深度，设置潜水井保温设施。输配水、调节水过程可采用的技术：增大输配水管网的埋深，将输配水管道埋设在冻土深度以下，选用导热系数大的管材，增大调节水池的埋深，调节水池上方设置保温设施等。升温池升温过程可采用的技术：高效吸收太阳能和地热技术、快速热传导技术等。灌水过程可采用的技术：滴灌技术、水肥一体化技术、安全灌溉最低水温技术。灌溉管理过程可采用的技术：灌溉模式判定技术、室内升温池灌溉水升温时间的确定技术等。在实际生产过程中，水源往往由村集体集中管理，种植户可在取水、输水环节采取升温措施。升温池升温是种植户最容易接受和实现的增温方式，现行的日光温室灌溉水升温的设施有以下几种：

（1）悬挂式钢制水箱升温设施　该升温设施不占日光温室内土地面积，水的升温速度较快，防尘埃能力强。但是所用钢材造价高，钢材生锈脱落体易堵塞滴灌设施，水箱储水量小，升温水量很难达到灌溉水量的要求。

（2）塑料桶升温设施　这种升温设施是在日光温室内放置若干个直径较大的塑料桶，升温设施造价低，升温方便且易操作。但是塑料材料老化较快，而且设施闲置时不易储存。

（3）地上深式升温池　这种升温设施 1/2 埋在地下，占地面积较大，但是储水量大，而且升温设施内的水面可以直接接受阳光照射，同时日光温室内的热空气也能透过砖结构给水传递热量，有利于提升水温。但是地面以上的升温

池容易遮挡阳光，造成升温池旁土地资源的浪费。

（4）酒瓮形升温设施　这种升温设施瓮口与地面齐平，蓄水部分全部在地面以下。占地面积小，能够利用地热来提高水温。但是开挖量较大，且瓮形不易施工，同时水面与空气的接触面积小，不能充分利用日光温室内的热空气升温，蓄水体水温上升速度较慢。

（5）地下浅式升温池　这种升温设施的蓄水部分也全部在地面以下，占地面积相对较大，但是它的开挖深度浅，砌体结构在地面以下，工程量较小，修建成本低，同时它与日光温室内热空气的接触面积较大，增温效果好。但是由于升温池与地面齐平，容易使土粒、作物的根叶等杂物落入池内，影响滴灌设施的正常运行。

（6）日光温室柔性蓄水池　这种蓄水池建在日光温室群中一个海拔较高的日光温室中，承担向全部日光温室供水的任务。这种蓄水池储水量大，能满足8~10个日光温室的正常灌溉需要；但是占地面积大，不能达到经济合理的生产要求。

（7）太阳能塑料储热水管　利用灌溉使用过的塑料软管作储热水管，塑料软管的容积和一次灌溉使用的水量相同。塑料软管固定在后墙上，既可利用太阳能，还可以容纳较多的水量，而且不会增加室内湿度，但是塑料材料容易老化，不能长期使用。

在农业生产中，能高效利用太阳能和土壤热能是实现越冬期安全灌溉的决定性措施。温室内地下浅式升温池可以高效利用太阳能和土壤热能将灌溉水升温，在整个越冬期，可以利用5~51h的升温时间，将灌溉水温度提高到植物要求的最低可灌溉温度。在越冬期，建议种植户在上午进行灌溉，每隔7d灌溉一次，这样可降低灌溉水温低造成的地温低的影响。

十一、如何避免夏季高温闷棚导致的灌溉管件变形问题

灌溉施肥系统的主支管路、田间首部等各级管件的材质多为PVC、PE等塑料材质，正常使用时寿命可达8年。夏季高温闷棚时，棚内地表温度可达60℃以上，长时间强光和高温条件下，这些塑料管件会发生变形并加速老化。为减少夏季高温闷棚对灌溉设施及管件的伤害，应当采取以下措施。

（1）提高闷棚效率　提高闷棚效率的方法有"双膜覆盖"技术，"干闷"和"湿闷"相结合，药剂处理和有机物施用等方式。"双膜覆盖"即覆盖地膜和棚膜，注意地膜要完全覆盖地表，棚膜要无漏点，确保大棚密闭不透气。"干闷"即不灌水闷棚，对空气及上部空间的病虫害有效，但对土壤中的病虫害无效；"湿闷"即大量灌水至土壤相对含水量达80%左右再进行闷棚；"干闷"与"湿闷"相结合效果更好。药剂处理主要有石灰氮技术，每亩施用

60kg 左右石灰氮消毒，一般两年进行一次。除了石灰氮外，威百亩、硫黄、甲基硫菌灵、噻唑膦等杀灭性药剂或常规化学药剂也可以应用到高温闷棚中，具体选用哪种药剂需要根据棚室内土传病害的发生情况及棚室休棚的时间而定。有机物施用主要是在土壤中施入大量未腐熟的粉碎秸秆，在闷棚的情况下，这些未腐熟的有机物会发酵而大量放热，促进地温升高。通过这些复合闷棚方式的应用，可极大提高闷棚效率，缩短闷棚时间，闷棚 20d 左右即可取得理想效果。

（2）前茬作物收获后的休棚时间，收回灌溉支管、毛管，并集中存放。

（3）采用黑色或银色地膜缠绕在田间首部及灌溉支管上，可有效阻隔强光照射和热量传导，从而防止塑料管件变形和老化。也可以废物利用，如将旧衣服、床单、棉被等缠绕覆盖。

（4）在田间首部下方添加木制或铁制的支架，并将支架与田间首部的管件捆绑牢固，还可以防止田间首部管件变形。

（5）经常对灌溉施肥系统进行全面检查，发现损坏的管件及时更换。

十二、滴灌带、微喷带如何实现多茬持续使用

滴灌带和微喷带的材质主要是聚乙烯，化学性质稳定，耐酸耐碱，正常情况下滴灌带、微喷带的使用时间一般为 2~3 年。如果使用不当会加速损耗，增加成本，因此生产中应注意以下几个方面。

（1）选择正规厂家的产品。正规厂家会使用全新原料，并严格按照相关配料比例和工艺标准生产，产品的价格略高，但质量有保障，不易损坏。

（2）滴灌带、微喷带的使用寿命受壁厚影响较大，通常壁厚为 0.2~1.0mm。壁越厚越抗机械损伤，抗物理危害能力越强，使用寿命越长。

（3）滴灌带和微喷带铺设时应确保出水孔向上，毛管前端与支管的连接处要密闭、末端扎紧。灌溉时要经常检查灌溉区域内有无跑漏水现象。

（4）滴灌带和微喷带的规格较多，额定工作压力各不相同。在使用时应根据实际产品参数调节供水压力，避免压力过大而造成损坏，或者因压力不足而无法正常使用。

（5）经常检查、清理各级过滤装置，确保有效过滤各类杂质；施肥前后应当灌清水 20min，防止滴灌带和微喷带堵塞。

（6）播种前应平整土地，清理石块、杂草及上茬作物根茬；使用地膜时，地膜要压紧在滴灌带上，二者之间不留空间，避免阳光通过水滴聚焦的焦点燃烧滴灌带。

（7）冬季设施生产中要做好保温，防止冰冻；无保温条件时，要避免使用滴灌带和微喷带。

（8）在使用和存放过程中，做好灭鼠工作。

十三、基质栽培草莓与土壤栽培草莓灌溉管理的异同

在土壤栽培草莓生产中，为提高草莓的抗逆性，覆盖地膜前通常会进行"蹲苗"，即采取控温、控水等措施使其根系快速生长（彩图 6-8）。而在基质栽培草莓生产中，原则上是为草莓生长发育创造最佳的根际环境，而不是人为制造"抗逆"栽培（彩图 6-9）。

基质栽培草莓根系活动空间受限，并且基质的物理性状与土壤差异较大，水、肥、温等细微变化都会直接影响作物的根系活力，进而影响作物的生长发育情况。因此，对基质栽培草莓进行控水、控温会导致草莓苗衰弱、老化，引发发育迟缓，导致产量低、果实商品性差等问题。常规土壤栽培会在整地时施用大量基肥（包括有机肥和化肥），并在作物生长发育过程中定期追肥。但是基质栽培草莓的根系被限定在有限的基质容器（槽、袋）中，其生长空间不足土壤栽培根系生长空间的 1/10~1/5。而且由于基质处于封闭隔离状态，其缓冲性较差。同等栽培面积中，即使施用土壤栽培 1/4~1/3 的基肥用量，也足以使基质栽培的作物遭受"肥害"。一般情况下，基质栽培不提倡用复合肥、尿素等化肥拌入基质中作基肥或追肥。这些颗粒肥容易造成基质出现局部"高盐浓度"现象，导致作物根系被"烧死"。基质栽培应选择"水肥一体"的肥液（即营养液）灌溉技术，且土壤栽培的灌溉方式不适于基质栽培。土壤栽培的作物根系伸展范围广，除了灌溉用水外，作物还可以吸收地下水，因此，土壤栽培的灌溉量和灌溉次数依据土壤墒情、苗株生长发育阶段和苗株长势来制定，而且要根据不同土壤类型、不同作物种类、不同生育阶段、不同季节来"灵活"掌握。而对于根系局限在狭小空间中的基质栽培来说，水分的补充不能依照特定时间间隔或者植株单一生长发育状态来制定。草莓根系活动空间（单株所占的基质体积）越小，对灌溉的精细度、均衡性要求就越高。基质栽培理想的灌溉模式是根据作物所需及时精准供给，使根部始终处于水、肥、气、温的最佳环境中。无土栽培中，基质不宜裸露在表面，因为基质栽培灌溉要求较高的精准度，基质裸露在空气中对于基质栽培来说弊大于利。另外，基质栽培中大多施用离子态速效肥，矿物质移动性强，容易因蒸发作用而聚集在基质表面，即"聚盐现象"。虽然在温室土壤栽培中也会出现类似现象，但土壤表面聚盐的进程较慢，一般 3~5 年甚至更长时间才会显现。而基质栽培如果表面未覆盖，在当季草莓生长的中后期就会显现。因此，基质表面一定要进行覆盖，减少表面水分的蒸发，抑制聚盐发生。水肥一体化智能灌溉设备受环境中的物理、化学因素及人为操作的影响较大，使水肥一体化设施的运行存在一定风险。这种风险对于土壤栽培来说影响并不显著，而对基质栽培来说相对

较大。因为基质栽培的基质体积小、根系密度大、基质缓冲性能弱，一旦发生故障或操控失误，就会导致水肥浓度（EC 值）、酸碱度（pH）不均衡，进而给根系造成难以恢复的伤害。基质栽培草莓在采用"水肥一体智能化"控制系统实现即时同步灌溉时，要特别注意营养液 pH 传感器和 EC 传感器的灵敏度、精准度。如果因传感器失灵而造成控制系统的错误判断做出相反的指令，就会发生不断添加酸液、碱液、肥液（母液）的问题，使营养液发生酸化（低于 4.5）或碱化（高于 8.5），或 EC 值过高而导致伤根，甚至造成烧根引发作物成片死亡。

十四、基质栽培西瓜、甜瓜与土壤栽培西瓜、甜瓜灌溉管理的异同

基质栽培西瓜、甜瓜与土壤栽培西瓜、甜瓜灌溉管理的异同，首先要从基质的物理性质说起（彩图 6-10、彩图 6-11）。基质的保水性差，基质土的持水性主要和容重有关，容重是反映土壤持水性的一个重要指标，容重越大，持水性越好，但是通气性较差。容重又和基质的质地和颗粒大小有关，一般来说越紧实的土壤容重越大，越疏松的土壤容重越小，所以黏土的容重一般大于壤土的容重，黏土的保水性也高于壤土的持水性。基质种植西瓜、甜瓜所用的基质容重通常在 0.5～0.8g/cm³ 之间，而土壤容重在 1.2～1.5g/cm³ 之间，所以基质的持水性远远不如土壤的持水性。持水性差不仅表示基质中的水分易下渗，存不住水，也表示基质中的水分易蒸发，散失较快。根据上述特点，基质栽培西瓜、甜瓜在灌溉原则上也应符合西瓜、甜瓜生长需水规律，应以少量多次为主。较常规土壤栽培增加灌溉频率、减少单次灌溉量，在灌溉模式上以滴灌灌溉为主。

十五、不同土壤质地灌溉注意事项

土壤质地是指土壤中不同粒径矿物质颗粒的组合状况，是土壤的一项重要理化性状，与土壤通气性和保水保肥性关系密切。土壤质地类型主要包括沙土、壤土和黏土，沙粒（粒径 0.05～1mm）含量大于 50% 为沙土，保水保肥能力较差，但通气透水性较好；黏土是指粒径大于 0.075mm 的颗粒含量不超过 50% 的土壤，通气透水不良，排水不畅；壤土指土壤颗粒组成中黏粒、粉粒、沙粒含量适中的土壤，颗粒大小在 0.02mm～0.2mm 之间，质地介于黏土和沙土之间，兼有黏土和沙土的优点，通气透水、保水保温性能都较好，耐旱耐涝，是较理想的农业土壤。

土壤质地不同，水分入渗特性不同，从而影响灌溉效果。首先应根据不同土壤质地选择合适流量的灌水器，沙土宜选用大流量灌水器，增加横向扩散；黏土宜选用小流量灌水器，增加下渗，减少地面积水；壤土可选用 2L/h 左右

的灌水器,流量较为适宜。此外,还需要根据不同土壤质地确定作物最优灌溉时机,制定不同灌溉措施,对灌溉水进行合理分配,提高灌溉水生产力,一般土壤适宜的相对含水量为80%左右。不同土壤质地田间持水量不同,利用围框淹灌法或室内环刀法测定当前地块的田间持水量,定期取土烘干测定相对含水量,再计算出灌溉量,实现因墒因苗科学灌溉。同时,在施肥时还需要根据不同土壤质地,合理安排施肥时段,一般沙土在灌溉末期利用水肥一体化技术施用肥料,避免养分流失,黏土可在灌溉前段施用肥料,壤土在中后段施用即可。

十六、如何辨别优质水溶肥

一看水溶性。把肥料溶解到清水中,如果溶液清澈透明,则表明水溶性很好;如果溶液浑浊甚至有沉淀,表明水溶性很差,不能用于滴灌系统。

二看密度。凡是符合国家登记管理的水溶肥产品,其中都添加了大量元素、中微量元素或有机质类等营养成分,水溶肥产品密度为1.3kg/L。也就是说,100mL的液体水溶肥,实际重量应该在130g左右。

三看登记证号。农业农村部规定,所有的商品肥料必须实行一厂一证,不允许借证套证。购买者可以登录国家化肥质量监督检测中心网址,输入该登记证号查验真伪。

另外,局部灌溉条件下如果肥料溶液EC值过高,容易造成次生盐渍化,所以高质量水溶肥要求低盐分。

十七、如何选购养根促根类型肥料

1. 矿源黄腐酸钾

矿源黄腐酸钾是以风化煤、褐煤、泥炭等为原料,在一定条件下反应制成,含有丰富的有机质,可以调节和改良土壤,促进根系生长。执行标准HG/T 5334—2018《黄腐酸钾》,含量要求:固体矿源黄腐酸钾优等品的矿源黄腐酸含量不低于50%、一等品不低于40%、合格品不低于30%,氧化钾含量应不低于8%,pH应在4.0~11.0之间,水分含量应不超过15%,水不溶物含量不高于8%;液体矿源黄腐酸钾的矿源黄腐酸含量不低于80g/L,氧化钾含量应不低于15g/L,pH应在4.0~11.0之间,水不溶物含量不高于50g/L。同时,重金属含量也有明确的限制,砷含量不高于0.005%,镉含量不高于0.001%,铅含量不高于0.02%,铬含量不高于0.05%,汞含量不高于0.000 5%。建议选购时注意查看有效成分的含量。

2. 含海藻酸、聚谷氨酸、壳聚糖、聚天门冬氨酸等有机水溶肥料

有机水溶肥料是游离氨基酸、海藻提取物、壳聚糖、聚谷氨酸、聚天门冬

氨酸及发酵降解物等有机资源的统称，执行标准 NY/T 3831—2021《有机水溶肥料　通用要求》，所含有的天然有机降解成分（统称生物刺激素）可提高植物养分利用率或吸收率，提高植物非生物胁迫耐受性，以及改良作物品质性状，对提高西瓜、甜瓜的糖度和风味均有较大作用。

含氨基酸水溶肥料：按 NY 1429—2010 的规定执行；含腐植酸水溶肥料：按 NY 1106—2010 的规定执行；含海藻酸有机水溶肥料：至少应标明其所含海藻酸、有机质等主要成分及含量、pH、水分（固体）、水不溶物和有毒有害成分限量等；含壳聚糖有机水溶肥料：至少应标明其所含壳聚糖、有机质等主要成分及含量，pH 等其他标注指标同上；含聚谷氨酸有机水溶肥料：至少应标明其所含聚谷氨酸等主要成分及含量，其他指标同上；含聚天门冬氨酸有机水溶肥料：至少应标明其所含聚天门冬氨酸等主要成分及含量，其他同上；其他类有机水溶肥料：至少应标明其所含机质等主要成分及含量，其他同上。所有有机水溶肥料元素重金属限量应符合 NY 1110—2010 的要求，汞≤5mg/kg、砷≤10mg/kg、镉≤10mg/kg、铅≤50mg/kg、铬≤50mg/kg。选购时注意查看有效成分的含量。

十八、如何选购大量元素水溶肥

大量元素水溶肥指以大量元素氮、磷、钾为主要成分并添加适量中、微量元素的固体或液体水溶肥。

执行标准 NY 1107—2020，含量要求：固体产品大量元素含量≥50%，液体产品大量元素含量≥400g/L。

大量元素水溶肥可以应用于滴灌、喷灌等灌溉条件，实现水肥一体化，达到省水省肥省工的目标。适用于西瓜、甜瓜生产各个时期追肥，伸蔓期可选用低磷平衡型水溶肥，如 20-10-20 或类似配比。

十九、如何选购中量元素水溶肥

中量元素水溶肥指以中量元素钙、镁为主要成分的液体或固体水溶肥，产品中应至少包含一种中量元素。

执行标准 NY 2266—2012，含量要求 Ca+Mg≥10.0%或 100g/L。

二十、如何选购微生物菌剂

微生物菌剂指 1 种或 1 种以上的目标微生物经工业化生产扩繁后直接使用或仅与利于该培养物存活的载体吸附所形成的活体制品。目前登记的微生物菌种有 152 种，使用较多的菌种为：枯草芽孢杆菌、胶冻样类芽孢杆菌、地衣芽孢杆菌、巨大芽孢杆菌、解淀粉芽孢杆菌，市场上多以复合微生物菌种为主。

西瓜、甜瓜宜选择以枯草芽孢杆菌为主的微生物菌剂，可以复配胶冻样类芽孢杆菌、地衣芽孢杆菌、巨大芽孢杆菌或解淀粉芽孢杆菌，还可以使用木霉菌，既起到生防作用又能提高果实风味品质。

执行标准 GB 20287—2006《农用微生物菌剂》，含量要求：

液体剂型：有效活菌数≥2.0亿 cfu/mL，霉菌杂菌数≤$3.0×10^6$ 个/mL，杂菌率≤10.0%，pH 5.0～8.0，保质期≥3 个月。

粉剂剂型：有效活菌数≥2.0亿 cfu/g，霉菌杂菌数≤$3.0×10^6$ 个/g，杂菌率≤20.0%，水分≤35.0%，细度≥80%，pH 5.5～8.5，保质期≥6 个月。

颗粒剂型：有效活菌数≥1.0亿 cfu/g，霉菌杂菌数≤$3.0×10^6$ 个/g，杂菌率≤30.0%，水分≤20.0%，细度≥80%，pH 5.5～8.5，保质期≥6 个月。有害物质指标：粪大肠菌群数≤100 个/g（mL），蛔虫卵死亡率≥95%，砷≤75mg/kg，镉≤10mg/kg，铅≤100mg/kg，铬≤150mg/kg，汞≤5mg/kg。

若为复合菌剂，每种有效菌的数量不得少于0.01亿 cfu/g（mL），以单一的胶质芽孢杆菌制成的粉剂产品中有效活菌数不少于1.2亿 cfu/g。

二十一、如何正确使用微生物菌肥

（1）全面了解微生物菌肥的基本资料，如生产日期、保质期、使用量、使用方法等。如果不是现买现用，则要按照说明书进行贮存，注意避光、通风和干燥。

（2）了解微生物菌肥中微生物的主要作用、适用作物等。如根瘤菌肥料适用于豆科作物，作为结瘤、固氮的接种剂；磷细菌肥料可把土壤中难溶性磷转化为有效磷和无机磷等。

（3）掌握施用时间和施用技术。可以用"早、近、匀"三字来概括，即施用时间要赶早，一般作为基肥、种肥和苗肥来施用；施肥时与作物根系的距离要近；种子和苗肥需拌匀。

（4）与有机肥同时施用。两种肥料混合施用，会提高肥效。

（5）施肥后立刻覆土，以免太阳直射杀死微生物，降低生物肥料的利用率。

（6）不宜与化肥、杀菌剂混用，否则会抑制微生物菌肥中的微生物生长，甚至杀死微生物，从而影响肥效。

（7）防止与未腐熟的农家肥混用，因为农家肥在腐熟的过程中会发酵，这样会直接杀死微生物。

（8）不同种类的微生物菌肥也不宜混用。目前，市场上的微生物肥菌种种类很多，所含活性菌不同，它们之间是否有相互抵制作用还不是很清楚，若相互抵制，则会降低肥效。

二十二、为什么粪便类有机肥要充分腐熟后施用

未经腐熟的粪便类有机肥中，携带有大量的致病微生物和寄生性蛔虫卵，施入农田后，一部分附着在作物上造成直接污染，一部分进入土壤造成间接污染。另外，未经腐熟的粪便类有机肥施入土壤后，一方面产生高温造成烧苗现象，另一方面还会释放氨气，使植株生长不良。因此，在施用粪便类有机肥时一定要充分腐熟。

二十三、施用有机肥应注意哪些问题

（1）有机肥所含养分种类多，速效养分含量低。与养分单一的化肥相比，有机肥不能满足作物高产优质的需要。所以有机肥应该搭配部分化肥施用。

（2）有机肥分解较慢，肥效较迟。有机肥虽然营养元素含量全，但含量较低，且在土壤中分解较慢，在有机肥用量不是很大的情况下，很难满足作物对营养元素的需要。

（3）有机肥需经过发酵处理。许多有机肥带有病菌、虫卵和杂草种子，有些有机肥中含有不利于作物生长的有机化合物，所以有机肥均应经过堆沤发酵、加工处理后才能施用。

二十四、土壤板结怎么消除

土壤板结是指土壤表层因缺乏有机质，结构不良，在灌水或降雨等外力作用下结构被破坏、土粒分散，而天气干燥后受内聚力作用使土面变硬。

土壤板结是农业生产中经常碰到的问题。土壤团粒结构是土壤肥力的重要指标，土壤团粒结构的破坏致使土壤保水、保肥能力及通透性降低，造成土壤板结；有机质含量是土壤团粒结构的一项重要指标，有机质降低致使土壤板结。

土壤板结的消除办法主要有：

（1）增加有机肥的施入量。如施用作物秸秆及优质商品有机肥，最好施用高含量的微生物菌剂。

（2）减少化肥的施入量。结合作物产量和土壤肥力状况进行合理配方施肥，这样既控制了盲目施用化肥，也减少了不合理的投入，从而增加经济效益。

（3）进一步推广秸秆还田、免耕覆盖，防止土壤流失，以保护土壤结构不遭破坏。

图书在版编目（CIP）数据

设施草莓、西瓜、甜瓜水肥管理实用新技术 / 李婷等
主编 . -- 北京 ：中国农业出版社，2024．4（2025.10重印）
（特色作物高质量生产技术丛书）
ISBN 978-7-109-31876-2

Ⅰ.①设… Ⅱ.①李… ②岳… Ⅲ.①瓜果园艺－设
施农业－肥水管理 Ⅳ.①S627

中国国家版本馆 CIP 数据核字（2024）第 069295 号

中国农业出版社出版
地址：北京市朝阳区麦子店街 18 号楼
邮编：100125
责任编辑：史佳丽 黄 宇
版式设计：杨 婧 责任校对：吴丽婷
印刷：北京通州皇家印刷厂
版次：2024 年 4 月第 1 版
印次：2025 年 10 月北京第 2 次印刷
发行：新华书店北京发行所
开本：700mm×1000mm 1/16
印张：8.5 插页：8
字数：200 千字
定价：50.00 元

彩图 1-1　草莓田间生产

彩图 1-2　草莓灌溉施肥

彩图 1-3　西瓜田间生产

彩图 1-4　甜瓜田间生产

彩图 1-5　变频控制系统

彩图 1-6　离心过滤器和网式过滤器

彩图 1-7 沟灌

彩图 1-8 滴灌

彩图 1-9 微喷

彩图 1-10 滴箭

彩图 2-1 管上式滴头

彩图 2-2　管间式滴头

彩图 2-3　压力补偿式滴头

彩图 2-4　内嵌圆柱式滴灌管

彩图 2-5　内镶贴片式滴灌带

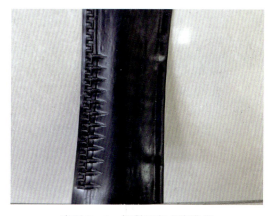

彩图 2-6　侧翼迷宫式滴灌带

彩图 2-7　微喷带田间应用

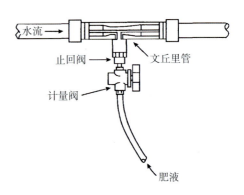

水流 →
止回阀
计量阀
文丘里管
肥液

彩图 2-8　文丘里施肥器

彩图 2-9　压差式施肥装置

彩图 2-10　比例施肥泵

彩图 2-11　便携式注肥泵

彩图 2-12　"光智能"水肥一体机

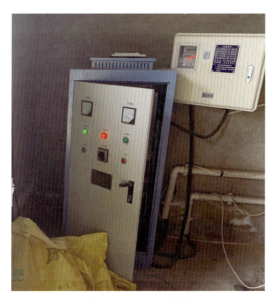

彩图 2-13　变频设备

彩图 2-14　砂石过滤器

彩图 2-15　离心过滤器＋筛网式过滤器

彩图 2-16　普通水表

彩图 2-17　远传水表

彩图 2-18　土壤水分传感器田间应用

彩图 2-19　气象站田间应用

彩图 2-20　吊挂微喷系统

彩图 2-21　滴灌系统

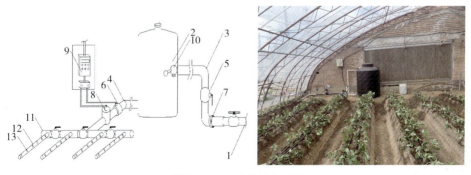

彩图 2-22　草莓施肥系统

1. 水源　2. 施肥桶　3. 进水路　4. 出水路　5. 进水球阀　6. 电磁阀　7. 过滤装置　8. 水泵
9. 控制器　10. 浮动球阀　11. 支管　12. 毛管　13. 滴头

彩图 2-23　西瓜微喷系统

彩图 2-24　压差施肥罐

彩图 4-1　草莓田间长势

彩图 4-2　测定草莓耗水规律

彩图 4-3　草莓加温灌溉

彩图 4-4　基质栽培草莓

彩图 4-5　技术人员指导草莓育苗

彩图 4-6　西瓜田间长势

彩图 4-7　甜瓜田间长势

彩图 4-8　滴灌在甜瓜上的应用

彩图 5-1　水肥一体化技术田间应用

彩图 5-2　草莓滴灌施肥系统

彩图 5-3　草莓水肥一体化田间应用

彩图 5-4　西瓜甜瓜微喷水肥一体化田间应用

彩图 5-5　"光智能"精准灌溉决策系统田间应用

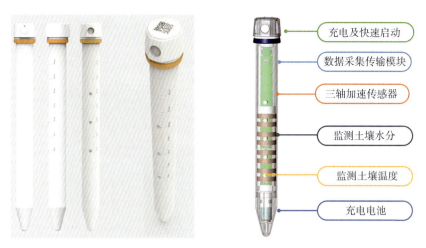

充电及快速启动

数据采集传输模块

三轴加速传感器

监测土壤水分

监测土壤温度

充电电池

彩图 5-6 土壤墒情监测设备

彩图 6-1 安装在草莓温室内的过滤器

彩图 6-2 高温烘烤后变形漏水的过滤器

彩图 6-3　水表田间应用

彩图 6-4　水表长绿藻导致无法读数

彩图 6-5　球阀田间应用照片

彩图6-6 灌水器堵塞

彩图6-7 大水漫灌

彩图6-8 土壤栽培草莓

彩图 6-9　基质栽培草莓

彩图 6-10　土壤栽培西瓜

彩图 6-11　基质栽培西瓜